U0280034

IAN TATTERSALL & ROB DESALLE
Illustrated by Patricia J. Wynne

啤酒的自然史

[美] 伊恩·塔特索尔　罗布·德萨勒 —— 著
帕特里亚·J. 温妮 —— 绘　乐艳娜 —— 译

重庆大学出版社

献给埃琳和珍妮，尽管她们更爱葡萄酒。

To Erin and Jeanne, even though they prefer wine.

目录 /

Contents

PART TWO /

第二部分 （几乎）所有啤酒的元素 /

ELEMENTS OF (ALMOST) EVERY BREW

PART THREE /

第三部分 愉悦的科学 /

THE SCIENCE OF GEMÜTLICHKEIT

PART FOUR /

第四部分 传统、老与新 /

FRONTIERS, OLD AND NEW

前言 / Preface

啤酒可能是世界上最古老的酒精饮品了，当然它也是历史上最重要的酒精饮品之一。尽管啤酒在公众认可度上似乎低于葡萄酒，但在对我们的五种官能以及对人类欣赏美的能力的影响上，它与葡萄酒旗鼓相当，甚至影响得更为深远。实际上，有人认为啤酒不仅在概念和操作上比葡萄酒更为复杂，而且可以更完整地表达其酿造者的意图。当然，这并不表示我们对葡萄酒缺乏热情——希望读过我们《葡萄酒的自然史》一书的朋友能理解这一点。葡萄酒在人类史上以及当下日常生活中占据着独特而重要的位置，啤酒也如此。这两种截然不同的饮品具有互补性，如果其中一个值得从自然史的角度来欣赏，另一个亦当如是。

这本书诞生于几乎所有地区都有啤酒饮者的黄金时代。确实，人们热衷于精酿，它区别于极其一致化、庞大单调的大众市场啤酒发展起来，而那些数量令人咋舌的大众市场啤酒均由国际巨头生产和销售。但是从市场创新性角度而言，啤酒的生产前所未有地出现了如此丰富的品种和创造性。新产品使啤酒世界变得既令人兴奋又令人困惑，陈旧的经销系统令消费者在选择种类上出现了不可理喻的混乱，许多知名啤酒不知所终。不过，些许无序状态也是令人激动的。

有许多出版物可以帮你在这种混乱中指明道路，坦白地说，精酿发展得太快，介绍啤酒的出版物仅仅是保持不落后都需要付出极大的努力。不过，本书的目标是揭示啤酒本身的复杂性，我们会先将啤酒置于历史和文化的背景中，然后再把它放在自然世界中——它的原料以及酿造、饮用它的人类都来自这个世界。在这一过程中，我们将穿越化学、生态学、历史学、灵长类动物学、生理学、神经生物学、化学，甚至还有物理学领域，希望你能更完整地欣赏放置于你杯中的这种从浅麦色到黑棕色的奇妙液体。我们期待你像我们一样，享受这一颇具启迪意义的旅程。

这本书的写作极为有趣，而研究工作甚至更充满乐趣。我们必须感谢为我们的研究提供帮助的许多好朋友和同事。其中我们特别要提到的是海因茨·阿恩特（Heinz Arndt）、迈克·贝茨（Mike Bates）、冈特·布劳尔（Gunter Brauer）、安妮斯·科迪（Annis Cordy）、迈克·达夫洛斯（Mike Daflos）、帕特里克·甘农（Patrick Gannon）、马蒂·冈伯格 （Marty Gomberg）、谢里登·休森－史密斯（Sheridan Hewson-Smith）、纽约市大学俱乐部、克里斯·克罗斯（Chris Kroes）、迈克·莱姆斯（Mike Lemke，20 年前他曾教罗布如何在家里酿酒）、乔治·麦格林（George McGlynn）、帕特里克·麦戈文（Patrick McGovern）、米基·迈克尔（Michi Michael）、克里斯蒂娜·鲁斯（Christian Roos）、伯纳多·希尔沃特（Bernardo Schierwater）和约翰·特罗斯基（John Trosky）。我们还想对我们钟爱的纽约市饮酒场所表示感谢。这些场所有许多，但特别需要指出的是 ABC 啤酒公司、啤酒屋 (The Beer Shop)、卡迈恩街啤酒公司（Carmine Street Beers）和祖姆·施耐德酒吧（Zum Schneider）。古老的西 72 街布拉尼城堡（West 72nd Street

Blarney Castle）及其举世无双的老板汤姆·克罗（Tom Crowe）也使我们充满愉快的回忆。

如果没有帕特里亚·温妮（Patricia Wynne）在艺术和道义上的支持，很难想象我们该如何完成这样一本书。她既是合著者，也是插画师。帕特里亚，谢谢，既为与你共事的快乐，也为这本书及多年的合作。

对于耶鲁大学出版社，我们最感激长期以来饱受我们折磨的编辑简·托马森·布莱克（Jean Thomson Black），没有她的正能量、鼓励和热情的支持，这本书永不可能往前推进。我们还想感谢迈克尔·德尼恩（Michael Deneen）、玛格丽特·奥特佐尔（Margaret Otzel）和克里丝蒂·伦纳德（Kristy Leonard）在制作和合同问题上的帮助，还有朱莉·卡尔森（Julie Carlson）卓越的编辑能力，以及玛丽·瓦伦西亚（Mary Valencia）优雅的书籍设计。

最后，我们还要感谢埃琳·德萨勒（Erin Desalle）和珍妮·凯利（Jeanne Kelly）在整本书酝酿过程中始终保持的耐心、忍耐和善意的幽默。

PART ONE

GRAINS AND YEAST A MASHUP FOR THE AGES

谷物与酵母：时代的混搭

第一部分

1

啤酒、自然与人
Beer, Nature, and People

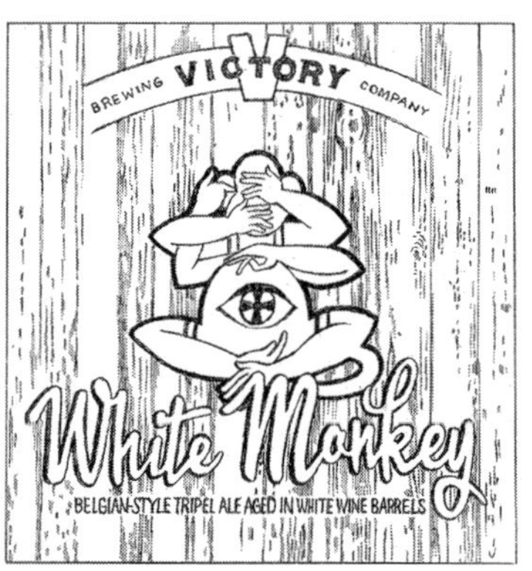

如果一只吼猴都能愉快地喝醉，我们当然也可以。高瓶上的标签写着“白猴”，与标签同名的这一灵长类动物明显是海报的主角，它的手放在眼睛上，下面写着：“在白葡萄酒桶中熟化 3 个月的比利时风格三料啤酒。”我们睁开眼睛，解开钢丝笼，起开软木塞，欣赏泡沫缓慢地从琥珀金色艾尔啤酒中升起。鼻子能敏锐地捕捉到那些葡萄酒桶的味道，但味蕾感受到的是经典和谐的三料啤酒。它有麦芽的甜香，结束时让你意乱情迷。希望最初那只喝醉的吼猴对发酵星果棕的喜爱程度，至少能有我们对啤酒喜爱程度的一半！

人类也许是唯一酿造啤酒的生物。但如果对“啤酒”的定义更为宽泛，那么人类可不是唯一饮用啤酒的生物。正如任何一位只携带一瓶乏味的“类啤酒”在炎热阿拉伯地带四处搜寻、期待一天结束的口渴的古生物学家会告诉你的那样，这一神奇饮品的关键成分是乙醇。但这一简单的分子在本质上并无神奇之处，它在自然界的分布相当广泛。比如，我们的银河系中心有大量的乙醇云团，所以我们的同事尼尔·迪格拉斯·泰森(Neil deCrasse Tyson)称它为“银河酒吧”。比第一部《星球大战》影片中那个著名酒吧还要神奇的是，据泰森计算，这个银河云团的乙醇分子加起来，大约是“10万的9次方升的200标准酒度的烈酒”。但令人遗憾的是，“银河酒吧”所提供的乙醇分子远不及水分子的数量，它们融合之后只有0.001标准酒度。

那么，我们还是把目光放在离地球更近的地方吧。尽管地球上的数字也许没那么华丽，但结果却有趣得多。正如我们将在第8章解释的那样，将糖转化为乙醇的酵母无处不在，静待可用的原材料。全球生态系统中有许多糖可供酵母分解，特别是从恐龙时代末期开始，一些植物开花结果以吸引授粉者和种子传播者。比如，马来西亚的玻淡棕榈会开出大花，产生糖分十足的花蜜。这些花蜜自然发酵，产生一种气味强烈的饮料，酒精含量约为3.8%ABV，而这正是英国酒吧传统上所供应啤酒的酒精浓度。

这一慷慨的供应被许多森林居民注意到，但最爱它的，是我们非常遥远的亲戚笔尾树鼩。在开花季节，这一小型生物(花栗鼠大小)会狂饮发酵的玻淡棕花蜜长达几个小时。笔尾树鼩单次的饮用量大约相当于成人一次饮用12罐啤酒，但它没有任何喝醉的症状。不过这也许是幸运的，因为笔尾树鼩的栖息地满是狩猎者，即使只是反应速度暂时下降，它也很可能因此丧命。没人知道笔尾树鼩是如何拥有这一卓越技能的，但很明显，玻淡棕花蜜对这一小型哺乳动物的吸引力远不止是补充营养。

同样受到自然发酵吸引的是我们更近的亲戚——中南美洲的吼猴。与树鼩不同，它似乎能感受到醉酒。早在 20 世纪 90 年代，研究吼猴的巴拿马灵长类动物学家就注意到，有一只吼猴以反常的热情大啖星果棕的果实。这只吼猴变得非常疯狂，以至于观察者怀疑它可能是喝醉了；在对它掉到地上的果实进行酒精浓度分析后，人们证实它确实几近于醉酒。根据研究者粗略的估算，这只重 20 磅的吼猴一次的饮用量相当于人类的 10 杯酒吧饮品。

这些发现使生物学家罗伯特·多德利（Robert Dudley）好奇生物对自然发酵酒精的广泛喜爱（还远谈不上是“普遍喜爱”）源自何处。他最终得出结论，酒精对灵长类动物的重要性在于它从植物带出的讯号（植物们希望自己的种子被消化，从而最终被传播到森林的各个地方），宣告这里有发酵的糖。发酵散发出强烈的气味，引导鼻子灵敏的食果者们趋向富含营养的成熟果实，并赋予它们明显的膳食优势。这里的逻辑甚至适用于人类的进化：尽管智人这一物种今天已经显然是杂食动物，但水果也是我们祖先的主食之一。

如果多德利的“醉猴”假设是正确的（不是所有人都认可），我们可以将人类对酒精的偏好视为“进化宿醉”。严格来说，只要我们周围的酒精仅仅来自大自然母亲自发的产物，这一倾向很可能无足轻重。直到最近——以及，用进化术语来表达，完全基于偶然性——随着任意生产无限量酒精技术的发展，事情有一点超出了控制。

不过，如果我们更仔细地审视这一问题，它看起来会比“醉猴”解释所表现的更复杂。首先，酒精及其多种衍生品对于许多生物体来说是有毒的，包括大部分灵长类动物。事实上，人们认为，酵母的祖先生产酒精，就是将它作为应对与其争夺生态空间的其他微生物的武器。尽管在这一方面它们有重大优势，但在浓度过高的情况下（通常葡萄酒是15%ABV，啤酒更低），酒精对于酵母本身也是有毒的。在自然界这并不是一个严重的问题，但这对啤酒厂和葡萄酒厂来说非常重要。

据报道，在更靠近美国本土的地方，有一只不幸的刺猬在舔食鸡蛋利口酒后死去，其饮酒量比纽约州法律判定的醉酒量要小得多。更具有暗示意味的是，抗拒酒精气味的食果哺乳动物（包括灵长类）与为之吸引的至少是一样多的。很明显，被酒精吸引是有点不同寻常，但更不同寻常的是身体处理相对大量的酒精——就像我们人类一样，而树鼩的“量”更是惊人。

那么，我们人类对酒精（些许强悍）的耐受度从何而来？正如我们将在第13章里更细致讨论的那样，我们处理啤酒和其他酒精饮品的生理能力，源于我们的身体产生的乙醇脱氢酶。人类的许多内脏都制造这种酶，它们将各种乙醇分子分解成没有攻击力的更小成分。一种被称为ADH4的酒精脱氢酶存在于舌头、食道和胃的组织中，它是你喝下的啤酒首先遇到的分子种类。就像其他酒精脱氢酶一样，ADH4远不是单一的，它有许多不同的类型，其中一些直接分解乙醇分子；另一些则攻击不同的乙醇分子，以及广泛存在于植物叶子中的萜类化合物，植物叶片是我们许多灵长类动物亲戚的重要食物。

分子生物学家们将乙醇活性的ADH4在从猴到猴，再到黑猩猩和人类一系列灵长类样本中的分布进行了对比。他们发现，几千万年前，前人类家系中的ADH4从“乙醇惰性”转变为了“乙醇活性”。这种转变由一个单基因突变造成，使得机体的乙醇代谢能力提高了40倍。

不过很难解释这一转变为何发生。事实上，它很可能只是适应性的偶然事件，而非某一特定食谱变化带来的相应影响。试图建立因果关系的研究者认为，体型略大的灵长类动物最开始实现这一酶功能性变革，很可能是因为它们在森林地面活动的时间增长，而那里正是最有可能遇到最成熟、最积极发酵落果的地方。但我们这种认为是更有效利用这一资源的单一原因导致了相应生理变革的看法仍然存疑，因为即使是最热衷吃水果的食果者，发酵水果也只是其膳食结构中的一部分。

而且，这一转变发生在我们的祖先变成杂食动物之前——这意味着这一变化并不与人类或其亲近的已灭绝亲戚的特有行为相关。但是，不管这一巨大生理变革的起始背景是什么，它肯定为处于更近时期的人类在想出如何大量酿酒的方法之前，为如何处理酒精做出了预适应。

当然，这并不意味着原始人类（我们自己谱系的早期成员）也许没有——甚至是喜悦地表达出——对于酒精的偏好，不管自然母亲的动机是什么，她慷慨地赋予了原始人类耐受酒精的能力。自然产生的糖（蜂蜜、花蜜或水果）自发地转为酒精远非不同寻常，尽管食果动物和其他生物也会避开酒精及其气味，但历史文献中充满了许多动物——象、驼鹿、雪松太平鸟、吼猴——对过度成熟的发酵水果大快朵颐的记载。难以想象我们的早期先祖不会偶尔以这种方式放纵一下——当然，现在有科学的记载，证明与我们酒精耐受力相似的大猩猩亲戚会做类似的事情。

西非国家几内亚博苏的研究者们曾报告，野生黑猩猩不断回到一个酒椰棕榈园。在那里工人们切开树皮，以获取糖分丰富的树汁，树汁滴到塑料容器中，会迅速发酵成珍贵的棕榈托迪酒，工人们通常在傍晚将它们收集起来。但是工人们还有其他的工作，当他们的注意力转向别处时，黑猩猩们会来偷取棕榈托迪酒，它们揉皱叶子以形成可以伸到装满酒的容器中的“海绵”。然后它们会饥渴地吮吸饱含汁水的“海绵”。研究者们认为，黑猩猩饮用棕榈托迪酒时，酒中的酒精浓度通常已经相当高了，可以达到 3.1%ABV。有时这一浓度甚至高达 6.9%。

棕榈托迪酒开始发酵时，甜美而清香。但是酒精浓度达到像博苏那么高时，它就会变得酸苦，我们人类不大喜欢。不过黑猩猩似乎很享受这个味道，它们平均每分钟蘸取和吮吸“海绵”10 次，还会持续好几分钟。尽管富含糖分的树汁无疑颇有营养，但这些黑猩猩显然也非常喜欢随之而来的酒精兴奋感。研究者注意到其研究对象中的一部分出现“醉酒行为征兆”，虽然它们并没有真正吵闹起来，至少在博苏，黑猩猩明显没有过分纵酒，但其中一些在喝完酒之后会直接入睡。

黑猩猩们也许喜欢从酒精中获得快感——早期的人类祖先也是如此，但现代人类对酒精分子的体验还有另外一个维度。截至目前所知，只有智人拥有预测行动未来结果、意识到即将到来的死亡的能力。这一认知给人类带来了存在上的负担，而没有其他生物面临相同的情况：在所有药物中，酒精能最仁慈地帮助我们减轻这一负担。

我们这一物种具有一种独特的能力，不仅担心现在正发生的事，也担心未来有可能发生的事。正因为我们知道生活充满不确定和危险，我们欢迎任何能帮我们远离这一糟心现实的东西。通过其醉酒效应，酒精帮助我们保持这一距离；而啤酒可以愉快而亲切地输送酒精。法国美食家让·安泰尔姆·布里亚－萨瓦兰（Jean Anthelme Brillat-Savarin）在两个世纪前就得出了这一结论，他认为使人类与野兽区别开来的两个重要特点是：对未来的恐惧和对发酵饮品的渴望。还有一种额外的吸引力是：人类独特的认知模式也使我们用一种前所未见的方式消化感官输入的信息，使我们能够用美学词汇来分析我们的饮品（见第 11 章）。这使我们对啤酒的经验又添加了一个维度，这种饮品为我们提供了可欣赏的、可供争论的、种类庞大的感官体验。

我们将在第 13 章进一步讨论微醺及其魅力。但是在忘记任何发酵饮品都颇有营养又可能颇具毒性之前，我们也许还应提到，啤酒在定居下来的智人的整个历史中，都在其饮食来源中占据非常特别的位置。它在历史和化学上都与被称为“生命支柱”的面包有着密切的联系，自己也通常被称为“液体面包”。事实上，这两种物质的联系如此紧密——毕竟，它们通常是由酿酒酵母这一酵母品种对同一谷物发酵而来的——以至于面包和啤酒谁先出现，到现在仍是一个争论不休的话题。

避开这一争议也许是明智的，但我们确实想要厘清一个在酒吧里经常出现的涉及面包和啤酒的问题。正如我们将在第 10 章仔细讨论的那样，使用酵母进行发酵的副产品是乙醇和二氧化碳。当面包师制作面包时，将面团揉好并放进烤箱。随着温度升高，酵母开始工作，产生二氧化碳气体，使面团内部出现气泡，开始醒发。那么同时不可避免地产生的乙醇怎么样了？为什么我们吃面包不会像喝酒那样醉倒呢？答案在于烘烤时的高温，它使大部分酒精蒸发。但不是全部。当面包离开烤箱时，它含有一点残余的乙醇；尽管残留量大多数情况是微弱的，有时低到 0.04%ABV，但某个时刻它也许会高达 1.9%ABV。难怪刚出炉的面包闻起来那么香！有趣的是，1.9% 这一数值与 2% 非常接近，后者是在机体摄入后，即刻代谢的最大量。所以尽管一些面包在刚出炉时，酒精浓度暂时能达到英式艾尔平均酒精含量的一半，但你没法吃得那么快，以达到微醉的程度。

为什么人类如此急切地利用自然发酵？直到几万年前的冰河世纪末期，即便各地区有鲜明差异，但智人都是狩猎和采集者，四处奔波，靠慷慨自然的给予存活。一些证据表明，我们的狩猎－采集祖先偶尔食用的谷类，直到最后一个冰河世纪末期气温得到改善前，都未成为人类的主要饮食来源。气温的升高导致人类可食用的本地动植物资源发生了剧烈变化，而人类此时已经散布于整个宜居世界。作为对这一巨大环境挑战的回应，全球不同地区的人类各自分别采取了定居生活模式，将生存建立于动植物的驯化上。

这一向定居生活的决定性过渡并不是一个简单的过程，它在各地以不同的速度和方式展开。尽管它被证实是巨大的浮士德式交易——狩猎－采集者通常比定居者更健康、更平等，有更多的休闲时间——但时代明显迈向新的经济模式。每个地区都发生了这样的变化，人工驯化的谷物走在最前列——近东是小麦和大麦，东亚是大米，新世界是玉米。

如果你是一个狩猎－采集者，经济战略相对直接。你以自然赋予之物为生，这通常驱使你在某一年迁移数百公里。但是对定居的农业者来说，在某一特定地区种植季节性作物，生活更为复杂。在某些季节你将拥有尴尬的富足，在另一些季节则一无所有。于是你需要储存食物的方法，使自己和家人整年都营养充足。特别是在农业最初发展的温暖地区，储存食物可能是个令人头疼的问题。谷物堆起或放在深坑中，都会因为氧化而迅速腐烂，甚至有自燃的风险。同样重要的是，你还要防止饥饿动物的偷窃，无论是小昆虫还是贪吃的啮齿类动物。

于是发酵被引入了人们的生活。研究员道格拉斯·利维（Douglas Levey）指出，从人类学角度来说，谷物的有意发酵最好被视为某种有控制的变质。大部分使储存食物腐烂的微生物在酒精存在的情况下无法生存——毕竟，酒精是一种著名的杀菌剂——因此，通过自然产生的酵母允许谷物实现某种程度的发酵，早期的农民可以保存谷物的许多营养价值，即使其丧失了新鲜度。这对于他们来说特别重要，以至于利维认为，发酵最初被当作一种储存食物的战略，其后才是制作令人兴奋的饮品。由于发酵的副产品是酒精，你不能两者只选其一，也许这一问题并没有讨论的意义。但除了其改变思维方法的性质，啤酒是古代世界保存营养的重要来源——事实上，直到不太久之前，我们的社会也是如此。

需要指出的是，葡萄酒基本是葡萄中天然存在的糖分通过酵母自然发酵而成的，但是啤酒需要更多的干预。酿制啤酒使用的谷物中含有直链淀粉，需要在发酵开始之前被分解成结构更简单的糖分子。现代啤酒酿制者更倾向于用大麦发芽的方式实现这一转变——也就是浸泡大麦，通风以刺激它们发芽，然后在随之产生的糖被消耗前烘干以阻断发芽过程。暂停活动的糖随后可以在指定时间感知酵母的温柔关照。

在结束本章之前，我们不能不提到一些关于乙醇的好消息：在一定浓度之下，它其实有利于身体健康。这一命题已在果蝇身上验证，果蝇是实验室研究员们最喜欢的对象，因为它们易于保存，繁殖极为迅速。事实证明，暴露于中等浓度酒精气体的果蝇比“重度饮酒者”和“滴酒不沾者”存活得更久，且繁殖成功率更高。而且，感染寄生虫的果蝇幼虫倾向于寻找含酒精的食物来为自己治疗。而被阻止交配的成年果蝇更易被酒精吸引，也许是为了消除自己的忧伤。

在人类中，临床研究已经不断地将轻 - 中度饮酒与一整套个人疾病发病率的降低，以及整体死亡风险度的下降联系在一起。心血管系统似乎在此特别受益，中度饮酒被坚定地认为与某些好处联系在一起，如血压的下降，低密度脂蛋白水平的降低和高密度脂蛋白胆固醇水平的提高，以及缺血型中风可能性的减少。2017 年的一项报告追踪了 30 余万人平均约 8 年，发现与终生禁酒者相比，轻度到中度饮酒者在追踪期的死亡率要低 20%——其中死于心血管疾病的比率低 25%～30%。在其他具体条件下，中等饮酒者中，肥胖和胆结石的案例更少。不过万事都有两面性，最近的研究指出中度饮酒与年轻女性患乳腺癌存在着某种关联的可能。

总的来说，对于我们大多数人来说，中度饮酒的健康益处多于其风险。但是中度似乎是关键，因为过度饮酒带来的健康和社会伤害超过了酒精的益处。同一份 2017 年的研究发现，在其追踪的时间里，男性重度饮酒者各种原因造成的死亡风险比终生禁酒者高出 25%，死于癌症的风险更是高出了 67% 之多。正如我们将在第 12 章和第 13 章里强调的那样，除了酗酒带来的可怕社会效应，这些数字本身就为避免不恰当地饮用任何酒精饮品提供了颇具说服力的论点。但是，对于啤酒饮用者来说，它们反而是（相对）好的消息，因为他们所喜欢的饮品比其他酒精含量更高的饮品更具优势。

2

古代世界的啤酒
Beer in the Ancient World

人类最早的啤酒可能就是艾尔酒。我们往罐子里倒入一些水、大把的新碾磨的二棱大麦，以及大麦片。煮沸这一混合溶液后，我们又加入木槿草药液和其他草药及柑橘类原料，让它随现存酵母发酵。一个月后，我们将这一深棕色的液体虹吸到瓶子中，再经过漫长的两个星期熟化。第一瓶酒被打开时，发出了令人满意的滋滋声。这瓶简单放置了草药的艾尔酒呈黄棕色的汤状，品尝起来有令人愉悦的酸度和草香余味。我们对于它口感这么不错感到很惊喜。难怪铁器时代的那些日尔曼部落固执地坚守其啤酒酿制传统。

文献上第一次提到啤酒时，坚定地将这一饮品定位为具有文明影响力的东西。史诗《吉尔伽美什》描写了约 4700 年前执政的一位苏美尔国王的神话，一位被称为恩奇都（Enkidu）的野人被带到一个村子，人们恳求他“喝啤酒，就像当地人一样”。在喝了啤酒、吃了面包后，野人恩奇都才终于被认为已经准备好进入文明世界，并可以前往吉尔伽美什的首都乌鲁克。还有什么比啤酒和面包更能代表文明呢？传说中的大都市乌鲁克可能真的存在，因为在美索不达米亚的底格里斯河和幼发拉底河之间，也就是两河流域，面积庞大和极其肥沃的谷物种植平原有着极高的生产力。苏美尔帝国，就像紧随其后的巴比伦王国一样，是建立在谷物以及使用谷物制作的啤酒和面包之上的。

到吉尔伽美什的时代，定居生活和酿制啤酒所需谷物的种植已经有相当长的历史。最后一个冰河时代的末期，气候变暖，巨大的极地冰盖开始缩小，人类祖先放弃了狩猎-采集生活方式。古代狩猎-采集者在大陆迁徙时，一定会不时地碰到自然发酵的水果和蜂蜜，以及它们产生的酒精。尽管对“任何完全处于游牧状态的人类社会都曾拥有可以使大量谷物发芽和发酵的必要技术”这一说法仍然存疑，但定居生活已到来，不太可能还需要相当长的时间才能出现大规模酿酒。

在小麦和大麦最先开始种植的近东，叙利亚的阿布胡赖拉遗址良好地记录下人类从游牧到定居的生活方式。在大约 11500 到 11000 年前，宿营在那里的人们仍遵循传统的狩猎—采集生活方式。在大约 10400 年前，他们的后代开始在饮食中添加耕种的谷物；约 9000 年前，居民的食物供应主要来自驯化的动物和各种植物——不过许多野生羚羊每年迁移路过该地时还是会被屠杀。

在这一时期，阿布胡赖拉的人们在地面挖出了一些有屋顶的“洞穴房屋”，进而发展成具有相当规模的村落，内有成群的泥砖房屋和开放庭院。尤其值得注意的是，阿布胡赖拉的村民最初选择了黑麦来种植；在近东，更普遍的谷物是大麦、单棱小麦和二棱小麦，因而此处成为发明以大麦为基础的啤酒引领区域。

有趣的是，谷物的驯化发生在陶器发明之前，后者约在8200年前的近东首次出现。尽管陶器对于酿制某种形式的啤酒来说并不完全必要，但如果要量产的话，它却是一个先决条件。陶器出现时，人类研磨谷物已经有相当长的历史，约23000年前就出现的早期谷物研磨实证让我们有理由相信，面包也许比啤酒更早出现在人类的食谱之上。而且，在土耳其东部新石器时代遗址哥贝克力石阵上发现了有11600年历史的大型中空石质容器，其中装有也许是从野生谷物发酵而来的饮品。

当陶器刚出现时，人类定居点尚小，人们居住在相对平等的、最多由几百人构成的群体里。这些群体的大部分成员都是亲属关系，一起在农田里劳作，分享相似的技术。但是变化迅速发生。到5000年前，大约是刚刚进入文明的恩奇都被偷偷送往乌鲁克时，美索不达米亚平原发展出剧烈分层的社会。专业技能猛增，社会角色和地位开始严重分化。大部分居民仍在农田里劳作，但有人居住在城镇和迅速发展的新城市中。他们中间有一些人是酿酒者。而早期的酿酒者，似乎都是女性。

没人知道人类开始在新出现的陶器中酿制啤酒的具体日期。大麦啤酒最早的化学遗迹发现于伊朗北部苏美尔王国偏僻的戈丹土丘的一个陶罐中，以草酸盐（啤酒石）沉积物的形式存在，只稍稍早于5000年前，使得啤酒石沉淀而来的那种液体与我们的朋友恩奇都大致处于同一时代。但没有人会质疑近东的酿造传统远比此更为可信，如果该地区最早时期的陶器中也出现了啤酒石，我们一点也不会奇怪。

如果我们不能准确知道美索不达米亚平原的酿酒传统到底有多久，我们是否至少了解产品是什么样子？这一点极其幸运，答案是当然知道。因为在一些泥板上刻有后来被称为《宁卡斯赞美诗》（*Hymn to Ninkasi*）的文字，而宁卡斯就是苏美尔的啤酒之神。令人感到愉悦的是，赞美诗不仅仅是对女神的赞歌，也描述了很可能是其女祭司酿制的（某种）啤酒配方，它必然与当时女性为家庭酿制的啤酒大体相似。这一配方显然只是多种配方中的一种，因为苏美尔至少认可20种不同的啤酒：白的、红的、黑的、甜的、“品质超高的”等等，它们常被加入外国香料。

宁卡斯的啤酒很可能与你今天下班回家路上所品尝的啤酒非常不同。在赞美诗中，宁卡斯不仅要将谷物浸入水中以使其麦芽化（出芽），再将它们弄干以中止发芽，“使用蜂蜜（可能将它称作‘枣汁’更好）和葡萄酒来酿制”，还包括烘烤一种叫巴皮尔（bappir）的大麦面包，这很可能是将其当作媒体，以使酵母被加到啤酒中。但不管面包是不是发挥了这一作用，最后宁卡斯需要将可能充分发酵的最终产品倒入一个收集大盆中，把它们象征“底格里斯河和幼发拉底河的奔流”献上。

不管是如何制作的，宁卡斯的啤酒通常被认为是一种非常像汤的浑浊液体——当然，富含漂浮固体也可以解释为什么需要使用长吸管从共享的大罐（通常是发酵容器本身）中饮用它。一旦被献上，它就会被热烈地接受，因为赞美诗称它“愉悦心灵”。这是所有现代啤酒爱好者们一致认同的情绪，尽管他们的医生也许会对诗人的其他宣告有略微不满，比如啤酒“使肝脏快乐”。

第15章将讲述勇敢的人们试图重新酿制诸如宁卡斯啤酒的古代啤酒的经历。但现在，我们仅会指出，不管它的其他属性是什么，添加枣汁或蜂蜜与葡萄酒的宁卡斯啤酒（现代的复制品中，有一款酒精浓度高达3.5%）绝对可以被归为具有冒险精神的啤酒爱好者喜欢的复兴类“极端”啤酒。很明显，啤酒并不是一种从简单变得复杂的饮品。事实上，今天对极端啤酒的疯狂代表着回归这一饮品的本源，这种说法似乎更为准确。

早期啤酒和今天啤酒的区别之一是，现在我们可以选择用水来解渴。当今，大部分发达经济体的公民认为水的纯净清爽是理所当然的，但其实不是。农业革命带来了大规模污染，污染是人类社会进步的主要副产品之一，人类社会至今仍在向它妥协。在充满沼泽的美索不达米亚平原，挤满了人类及家畜，因此苏美尔时代可靠的可携带水源非常少。这意味着如果你不能负担只提供给少数特权阶级的葡萄酒，最安全的选择就是饮用宁卡斯啤酒。在有历史记录的大部分时期里，大多数地区都是如此。

任何拥有女神的饮品对于生产它的社会来说必然是十分重要的，也许啤酒的纯洁度本身就足以拥有这一地位。但是啤酒对苏美尔的重要性远胜于此，因为它是美索不达米亚社会内部分配财富的主要手段。税收通常以奉献给寺庙的谷物来支付。然后宁卡斯及其他神灵的女祭司们将这些谷物转化为啤酒（和面包），其劳动成果分发给民众，以支付他们所提供的服务。楔形文字石板记录，劳动者们每天会得到 1 西拉（sila，约为 1 升）啤酒。低级公职人员得到 2 西拉，直到最高官员可以得到 5 西拉。那个时代啤酒不能被长久保存，需要被快速饮用。但这并不意味着那些得到 5 西拉的人们一直醉生梦死，尽管啤酒保质期非常短，但用来向下级支付小额的费用还是不错的。

这并不是说，啤酒对于苏美尔只有经济和流行病学上的重要性。就像现在一样，啤酒是最具社会性的饮品，在苏美尔社会还有重要的象征意义。普通的农民劳作者和贵族都共同从那些发酵罐中饮用啤酒（平民使用简单的芦苇吸管，贵族则用精致的金、银、青金石或银质管），它是使苏美尔社会不同阶级建立紧密联系的饮品。啤酒甚至在最重大的国家场合出现。公元前870年，亚述王阿苏尔纳西尔帕二世（Ashurnasirpal II）举办了被认为是有史以来最夸张的庆典，以纪念其位于尼姆鲁德（Nimrud，位于今天伊拉克摩苏尔的南部）的新首都的建成。在那些愉快的日子里，阿苏尔纳西尔帕二世举行了10天盛宴，宴请了约7万名客人，其间饮用了几万升啤酒，烧烤了数以千计的牛羊，还消耗了1万皮革袋的葡萄酒。

那时，是啤酒，而非爱（阿苏尔纳西尔帕二世是个极为邪恶的地主）使古代美索不达米亚世界有序运行。在后来成为历史标准模式的悲伤预兆中，很多法律和规则快速出台，以管理啤酒的消费。在公元前2000年早期，巴比伦国王汉谟拉比发布了一部法规以规范其公民的行为，包括其饮酒习惯。汉谟拉比的禁令之一也许可以归入保护消费者的行列，它明确规定酒馆所有者如欺骗其顾客就要被淹死。但另一条更具政治黑暗性，它威胁那些酒馆所有者，如果他们没有报告偷听到的阴谋，就要被处死。即使在古代，酒馆似乎也是激烈政治辩论和煽动叛乱的场所之一——还很可能是坏人们的窝点。

美索不达米亚也许正是以大麦为基础的啤酒被发明的地方，但古埃及人也同样热爱它们，并酿造出了更为复杂的版本。他们赋予了啤酒自己的女神特雷尼特（Tenenit），尽管这一饮品通常与女神哈托尔（Hathor）联系在一起，在丹德拉（Dendera）供奉她的寺庙里刻有约公元前2200年的铭文，写着“完全满足的人口中噙满啤酒”。

传说伟大的神奥西里斯*将啤酒作为礼物给了埃及。但有可能是在其历史的早期，埃及人从苏美尔人那里学到了酿造啤酒的方

者注】
is，古埃及神话中
王，也是植物、农
丰饶之神。

法（以及女性进行酿造的传统，尽管后来被男性取代）。这两个伟大早期文明的啤酒本质上当然是相似的。埃及啤酒一般使用可能含有出芽(发芽)谷物的被压碎的大麦面包来制作,浓厚、富有营养,通常非常甜，特别是早期的顾客喜欢添加枣和蜂蜜。后来，人们倾向于直接使用大麦和二棱小麦混合发酵未经烘烤的麦芽进行酿造。显然从一开始,试验就是酿造者们的副手;尽管那时,就像现在一样,质量的变化有时是经济问题，有时则是味觉问题。

就像苏美尔那样，啤酒在古埃及人的社会生活中也扮演着重要的角色。所有年龄、所有阶层的人都喝啤酒，人们的薪酬用啤酒来支付，同时啤酒也是宗教节日中的重要内容。建造吉萨金字塔的工匠们的工钱有一部分是用啤酒支付的，他们的杯子每天被重新灌满 3 次，总共约相当于 4 升。最小和离我们最近的一批金字塔，也就是第四王朝法老孟卡拉的金字塔，由一大帮劳动者于约公元前 2500 年建造，根据不那么引人注意的非法镌刻的文字，其中有一个团体自称为“孟卡拉酒鬼”。

我们不知道这些劳动者在醉酒后会变得多喜欢惹是生非，但明显啤酒是使金字塔建设这一伟大工程变得可能的润滑剂。如果所有那些辛苦繁重的劳动对健康造成了负面影响，没问题：啤酒的治疗功效得到广泛推销。这一饮品在酿造时被加入了丰富的各种各样的添加剂，在古埃及医生应对一系列不同病症的处方中，它都作为组成部分出现。

啤酒明显是文明生活中无处不在的陪伴物。墓壁上展现的古埃及富人生活中一些最具魅力和最亲密的场景，就包括制作和饮用啤酒。甚至，如果到最后你不幸死于连啤酒都无法治愈的疾病，这一饮品也是陪伴你走向来生的必要附属品。

埃及人对于获取啤酒非常严肃。女王克里欧佩特拉七世

（Cleopatra VII，对，就是那个埃及艳后）因对啤酒征税（明显是历史上首次）与罗马开战，引起了其臣民极大的愤怒。那些热爱啤酒的公民们很可能在罗马最终取得胜利后更为沮丧，因为罗马对这一饮料的态度远不止鄙视。比如，葡萄酒专家、历史学家塔西佗（Tacitus）称啤酒为“可怕的饮品”，相比其喜欢的葡萄酒来说“只有一点遥远的相似性”。同样地，朱利安国王将葡萄酒的香味比作花蜜，将啤酒的气味比作山羊。也就是说，葡萄酒来自神，而啤酒只是粗糙的人类产物。

鉴于啤酒在古罗马的糟糕名声，英国史载最早的啤酒酿造者是一个殖民罗马人阿特克特斯（Atrectus），就显得非同一般了。生活在罗马帝国荒凉而混乱的北部殖民地的阿特克特斯及其他移民，很可能从周边粗鲁的铁器时代日耳曼和盎格鲁－撒克逊部落那里学到了酿造啤酒的习俗。这些勉强成为罗马新臣民的人们的祖先是具有开拓精神的农业者，他们曾在更早时期出现在北欧寒冷而不宜居的地带，大约就是恩奇都沉迷于乌鲁克文明舒适生活之中的时候。他们随身携带啤酒，因为酿造啤酒被记录的时间极早，大约是在公元前 3200—公元前 2500 年，该记录被发现于苏格兰北部遥远而寒风凛冽的奥克尼群岛上的斯卡拉布雷新石器时代遗址。

根据对一个约公元前 2500 年的德国考古遗址的发掘，我们也稍微了解了铁器时代的北欧部落如何准备麦芽。大麦被浸泡在专门挖出的沟中，直到它们发芽。人们在沟的末端点火，随之产生的烟会给麦芽带来较深的颜色和烟雾的味道。如果在该遗址发现的略微有毒的天麻种子被添加到啤酒中，最终的产品可能是非常强劲的——不过它可能与今天的普通啤酒味道非常不同。

在北欧阴冷多雨的环境中种植谷物可不是一件容易的事，鉴于可省下来的发芽的大麦或小麦很少，早期欧洲的啤酒酿造者们会使用蜂蜜、浆果以及其他任何他们可以获得的发酵原料进行补充也就不足为奇了。一些学者认为，在早期欧洲，大部分酒精是在仪式中消耗的，但这一论点的主要证据是大多数饮酒用具都是在墓中发现的。这些地方当然很能让人联想到某种仪式，但它们正是最有可能存放这些东西以及最易为考古专家们找到的地方。到目前为止，大部分权威都认为，极端啤酒是新石器时代欧洲的日常饮品。

因此，从次大陆农业发端的最开始，啤酒就是北欧生活的有机组成部分。有迹象表明，它的消费也许不像苏美尔和埃及那样总是得体的，至少根据流传到现在的记载是这样。比如，罗马人万南修·福多诺（Venantius Fortunatus）曾这样描绘日耳曼宴会的参与者，“像野人那样……还能活着离开的人要认为自己够幸运”。纵酒显然古已有之。

这样看来，在从美索不达米亚到西欧的广阔核心地带，啤酒有着漫长——虽并不总是声誉良好——的历史。但我们不能忽略的是，至少部分是以谷物为基础的酒精饮品调和物的最早实证实际来自中国。20 世纪 80 年代，考古学者们在中国河南省距今约 9000—7600 年前的贾湖新石器村落遗址发现了相当复杂社会的证据。从一开始，贾湖人就使用陶器；以分子生物考古学家帕特里克·麦戈文（Patrick McGovern）为首的团队在其中一些非常古老的陶器中，发现了以大米为基础的啤酒化学痕迹。

但是，从技术上说，科学家们将贾湖制品称为混合饮品，因为他们确定的化学标识几乎肯定在许多原料中都有。首先有大米，可能是驯化的短颗粒品种，该遗址出土了整颗稻谷。人们认为，它其中含有的淀粉被分解成可发酵的糖，要么是通过咀嚼和吐唾沫（这可能是人类发明的最早的糖化方法），要么是通过后来为西方使用的出芽程序，而非当代中国制作米酒那样的挤压程序（这是后来出现的程序，现在被认为不会早于公元前 2000 年晚期的商朝）。然后有被确定含有葡萄、蜂蜜和山楂果实的混合物。将所有的证据整合，麦戈文及其同事得出结论，贾湖的饮品是葡萄和山楂酒、蜂蜜酒和大米啤酒的混合物。为准确起见，在麦戈文的工作定义中，“葡萄酒”是以水果为基础，酒精含量略高，达到 9% 或 10%ABV 甚至更高，而“啤酒”是以谷物为基础，酒精含量略低，为 4%~5%ABV。但是，重要的是，麦戈文选择了一位啤酒酿造大师，而非葡萄酒酿酒师来重现贾湖的混合饮品；尽管最终产品的酒精含量达到 10%ABV，啤酒界还是称之为“古艾尔”。

第 14 章和第 15 章将详细讲述重现这一饮品以及其他古代啤酒。现在，我们只需要指出，将贾湖的混合饮品和其他古代酒精饮品归入任何现代种类的困难表明，新石器时代酒精饮品的最初缔造者们几乎试验了可以发酵的所有物品。那时，就像现在的“极端”酿造一样，无所不用其极——尽管早期的顾客无疑很快就追逐起他们喜欢并可以负担的具体种类的发酵饮品。但是，我们对古代历史的回顾表明，今天所用的啤酒分类是非常近期才出现的现象，或者甚至只是偶发现象。

创新和新兴产业
Innovation and an Emerging Industry

冷冻的瓶子立在桌上，冷气凝结而成的小水珠闪着光。“始于 1040 年”，瓶颈的标签上写着。我们满怀敬意地起开这一世界最古老啤酒厂现代产品的瓶盖。酒体顺滑，开始时较为普通，颜色是明亮的浅琥珀色。接下来的味道美好地平衡了麦芽和啤酒花。我们正在品尝一种经典的、制作精良的拉格，它无疑遥远地呼应着 11 世纪维森修士们那如云的深色艾尔酒。但我们再一次意识到，也许在近一千年的啤酒酿造过程中，我们已经了解到了一些东西。

大麦和小麦啤酒的历史基本上是属于欧洲的，但啤酒的魅力明显已经远超次大陆的边界。例如，中国已经取代美国成为世界最大的商业啤酒市场，2016 年中国的啤酒消费量达到令人震惊的 250 亿升。但是中国现代啤酒制造仅始于 1903 年，那时德国人在青岛开办了第一家啤酒厂；那里的酿酒主要是——尽管不是完全——以德国拉格的风格生产。在日本，啤酒现在已经是文化的内在组成部分，也是消费量最高的酒精饮料。现代日本饮用的第一杯啤酒于 1853 年到达东京湾，那是在美国密西西比号上的酒吧里（尽管荷兰商人为了自饮，早在 17 世纪就在日本酿造过啤酒）。日本今天的啤酒酿造仍深受美国工业酿造传统的影响。

所以，让我们回到欧洲。我们对黑暗时代的欧洲本土啤酒酿制传统了解不多，“黑暗时代”指的是公元前 5 世纪罗马帝国瓦解后的一段时期，也许这个命名并不十分恰当。当葡萄酒在前罗马帝国更温暖地区继续被酿制和饮用时，在更凉爽的北部地区，谷物再次确定了自己的地位，啤酒重新崭露头角。小麦是更为有名的谷物，但大麦的种植面积更为广泛；每个人都大量饮用通常是以大麦为基础来酿制的淡啤酒（一般是对麦芽的二次使用），作为水的更安全的替代品。啤酒中的酒精当然在这一点上发挥了作用。再加上制造过程中需要液体沸腾，确保了那个时代大部分水源都无法匹敌的清洁度。只有富人或贵族才饮用以蜂蜜为基础的蜂蜜酒或更烈的啤酒。除了在圣典之上，进口自南方的葡萄酒在大部分北欧地区很少能见到。淡啤酒占主导地位，并在约公元前 800 年时随着维京人登上其长长的舰船，支撑他们度过漫长而艰苦的旅程。

就像罗马人将葡萄酒视为神的礼物、啤酒则绝对低人一等一样，新兴的基督教堂赋予葡萄酒以神圣的重要性（神的礼物），而对啤酒采取了非常蔑视的态度。在 5 世纪，一位神学家“卷须”狄奥多勒（Theodoret of Cyrrhus）称大麦啤酒“又酸又臭，而且有害身体”。

虽然不能确定他的用词是否准确描述了当地啤酒，但这样的说法无疑受到当时在基督徒中普遍持有的观点影响，那就是啤酒是异教徒的饮品。

但是，教堂当权者们最终选择去适应他们想劝服皈依的人们的味觉喜好。很明显，修士们得出了结论：如果不能打败那些人，就只能加入他们。同时，修士们还发现，酿造啤酒是用掉积压在粮仓中的过量谷物的绝佳方法。因此，修道院酿造啤酒的传统诞生了。不久后，修道院不仅通过提升啤酒的酿制规则（也顺带使其男性化）使信众更为喜爱，还发现了啤酒是收入的有效来源。随着中世纪的前进，这一饮品逐渐成为修道院积极试验的对象，因为修士们需要为所有人酿造啤酒——就像其世俗的同行们一样——他们通过添加越来越多的外国草本成分，如牛蒡、西洋蓍草、蒿草、鼠尾草、艾蒿、夏至草或者杜松子，来为其最好的啤酒添香。

最终，啤酒花来了。9 世纪（可能更早），将攀缘植物啤酒花（Humulus lupulus）的干球果添加到啤酒酿造过程中的这一变革改变了一切。啤酒花不仅仅是强劲的调味剂，赋予啤酒一种令人清醒的苦感；它们还是一种天然的防腐剂，可以延长啤酒的保质期（见第 9 章）。没有啤酒花，啤酒必须在新鲜的时候被饮用，也就是只能在当地饮用。只有含有许多酒精（它自己也是防腐剂）的烈性啤酒才可以被运输到其他地方。但是，有了啤酒花，任何啤酒——包括那些酿造时需要较少麦芽、酒精含量低——都可以比以前运送得更远，使得长距离贸易能够发展。

所有早期的男修道院啤酒（或修道院啤酒，正如比利时现存的那样）都笼统属于艾尔啤酒。艾尔是在室温下发酵的啤酒，主要使

用与烘烤面包和发酵葡萄酒相同的酵母品种——酿酒酵母，但偶尔也使用野生酵母（见第 8 章）。在发酵过程中，酵母升到液体的上部，形成浓厚的泡沫。然后，就像现在一样，酿造艾尔的过程使其具有无穷的可能性：通过调整一系列变量，包括发酵容器的温度（早期是通过选择酿造的季节来达到这一目的）、发酵时间、使用麦芽的种类和数量、麦芽的烘烤方式、草本植物添加剂的组成（在啤酒花出现后逐步淡出）、啤酒花的数量以及品种（见第 9 章），修道院的啤酒酿制大师们可以生产出具有多种口味、结构和酒精含量的产品。后来随着贸易发展和声名远播，每个修道院开始有自己的专长，至少节令上是如此。

世界持续运行时间最久的啤酒厂就起源于修道院。维森啤酒厂位于德国巴伐利亚州弗赖辛镇，现在已经收归国有，当年在本笃会维森修道院的资助下酿制啤酒【见图 3.1】。1040 年，这座城市授予维森修道院的修士们正式的酿造啤酒执照，使用据记载已在其所辖领土上生长的啤酒花。虽然维森啤酒厂不太可能从 1040 年才开始酿酒，但是执照上的日期使捷克扎泰茨公司成为世界上最古老的仍在运行的啤酒厂，后者于 1004 年因生产啤酒而首次交税。但是，今天的扎泰茨公司设施实际只能追溯至晚近的 1801 年。目前仍为修道院所有的、还在运行的最老啤酒厂是 1050 年开始运营的巴伐利亚威尔腾堡修道院啤酒厂。尽管它在 19 世纪早期因为政治动荡而短暂中断了，但如今仍是修道院机构，曾酿制了赢得多项大奖的黑啤以及一款美味的皮尔森。

修道院对德国商业啤酒酿制的垄断持续时间并不长。随着德国城镇在中世纪晚期的稳定扩张，越来越富裕和有影响力的商业中产阶级想分一杯羹——这很可能是弗赖辛镇政府给维森啤酒厂颁发执照的原因之一。科隆市的啤酒酿造者们最终被允许于 1254 年组织一个公会（比其他新兴行业要晚一个世纪），而其他地区也

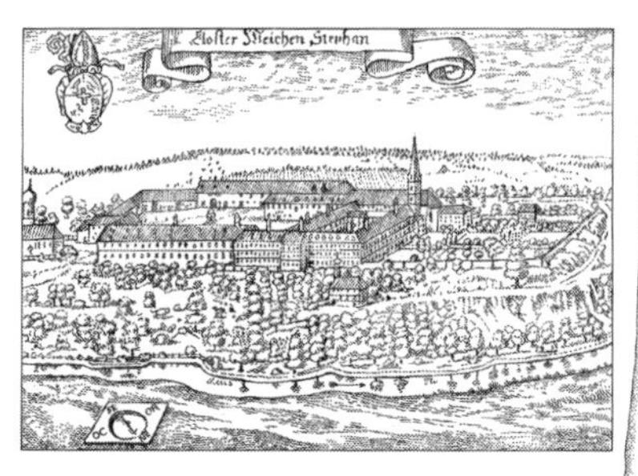

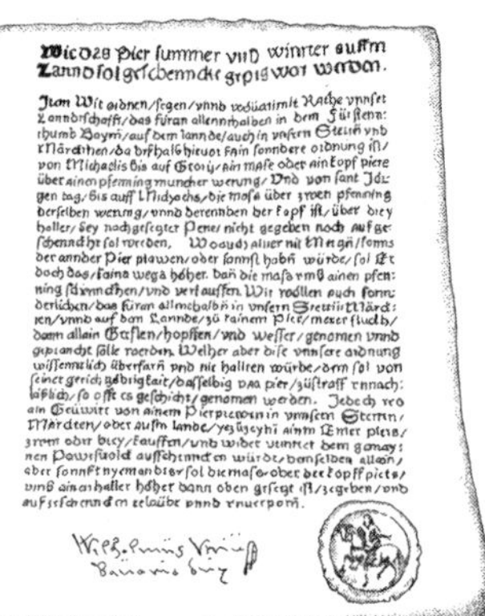

Wie das Pier summer und winter auffm Lannd sol geschenncht und prewen werden.

Item Wir ordnen/setzen/unnd wöllen/mit Rathe unnser Lanndtschafft/das füran allenthalben in dem Fürstenthumb Bayrn/auff dem lannde/auch in unsern Stetten vnd Märckhten/da deßhalb hievor kain sonndere ordnung ist/von Michaelis bis auf Georij/ain mass oder ainkopf piers über ainen pfenning müncher werung/Und von sant Jörgen tag/bis auff Michaelis/die mass über zwen pfenning derselben werung/unnd derenndben der kopf ist/über drey haller/bey nachgesetzter Pene/nicht gegeben noch ausgeschennckht sol werden. Wo auch ainer nit Mertzen/sonnder annder Pier prawen/oder sonnst haben würde/sol Er doch das/kains wegs höher/dann die mass umb ainen pfenning schenncken/und verkauffen. Wir wöllen auch sonnderlichen/das füran allenthalben in unsern Stetten/Märckten/unnd auf dem Lannde/zu kainem Pier/merer stuckh/dann allain Gersten/hopffen/und wasser/genomen unnd gepraucht sölle werden. Welher aber dise unnsere ordnung wissentlich überfaren und nit hallten würde/dem sol von seiner gerichtsobrigkait/dasselbig vas pier/zustraff unnachläßlich/so offt es geschicht/genomen werden. Jedoch wo ain Gauwirt von ainem Pierprewen in unnsern Stetten/Märckten/oder aufm lannde/yezuzeyten ainen Emer piers/zwen oder drey/kauffen/und wider unntter den gemaynen Pawrsvolck ausschennckhen würde/demselben allain/aber sonnst nyemandts/sol die mass/oder der kopff piers/umb ainen haller höher dann oben gesetzt ist/zegeben/und auszeschenncken erlaubt unnd unverpoten.

Wilhelmus Herzog
Bavariae etc.

【图 3.1】
左：维森修道院版画，迈克尔·韦宁（Michael Wening）所作《巴伐利亚地形》（*Topographia Bavariae*, 1700）。右：1516年德国《啤酒纯酿法》（*Reinheitsgebot*）法令。

开始照办。这促进了各城市和地区发展出自己的风格，并开始在贸易上竞争。最终，啤酒战争开始了。

维森、扎泰茨和威尔腾堡啤酒厂最早的产品都是艾尔。但是，除了小麦啤酒外，这些历史悠久的啤酒厂今天生产的都是拉格，这是啤酒酿造史上最重大分裂的结果。15世纪早期（可能更早），在德国下萨克森州的艾恩贝克及其周边的啤酒酿造大师们开始以一种非常新的风格酿造啤酒。巴伐利亚的酿造者们已经习惯在石灰岩洞中储存和熟化其艾尔了，那里阴凉的环境能防止它们在熟化过程中产生不益细菌。但是艾恩贝克的新产品有一些不同。冬天在阴凉的山洞中温柔熟化后，啤酒变得清彻明亮，回味脆爽——不像当时化学上更复杂、通常也更浑浊的艾尔。在德国，这种长期建立的冷贮过程被称为拉格，当时没有人知道为什么只有艾恩贝克这个地方才有这种独特的优良效果。

这种无知并不令人诧异，因为那时并没有人知道是什么导致了发酵。长期以来，人们只意识到是某种特别的因素促进了发酵，而对相关发酵媒介的选择是通过将浮在表面上的泡沫从一桶啤酒转移到另一桶来实现的。但是，发酵是由我们今天所知的名为酵母的微小生物来完成的，还需等待法国化学家路易·巴斯德（Louis Pasteur）在19世纪的研究。一旦巴斯德获得了这一重大发现，意识到酿造出拉格的人们其实是使用了某种独特的酵母（见第8章），就只是时间问题了。传统酿酒酵母最愉悦的发酵温度大约在21℃，与此不同，新被认知的、现在被称为巴氏（*Sacccharomyces pastorianus*，以纪念巴斯德）的酵母在低得多的温度约4.5℃最为活跃；与上部发酵的酿酒酵母不同，它会携带其他残渣沉到发酵容器的底部，使上部的液体清澈明亮——但这在早期颜色通常很深，因为麦芽是在有烟雾、使用木头燃料的窑中进行烘烤的。重要的是，这一新酵母可产生二氧化碳，气体顺着液体上升，使其发泡。

这种新酵母到底从何而来仍有争议。在过去的40年里，人们认为巴氏酵母是酿酒酵母和另一物种的杂交。但是第二种酵母——明显给了巴氏酵母耐寒性及其容器底部发酵倾向——长久以来一直模棱两可。如今它已经被确定，并被命名为真贝酵母（*Saccharomyces eubayanus*）。这种酵母最先在南美被发现。这一新拓宽的分布区域意味着它也很有可能存在于中欧的橡树林中，只是还没有被人们发现而已。如果并非如此，那么它如何到达艾恩贝克仍是个谜。

同时，15世纪在巴伐利亚也开始有重要的进展，那里是酿造革新的中心。最有意义的是，它是德国《啤酒纯酿法》（*Reinheitsgebot*）诞生的地方。这一法律于1487年在慕尼黑大公国颁布，然后于1516

年编入巴伐利亚州法典，并最终传至整个德国（1919年，巴伐利亚州拒绝加入魏玛共和国，除非这一法律被全国采纳）。《啤酒纯酿法》规定，啤酒中的合法成分是水、大麦和啤酒花【见图 3.1】。几个世纪后随着巴斯德的发现，酵母也被列为成分之一。重要的是，法律还规定了啤酒应该如何出售及其价格范围。从某种观点来看，这也许启发了消费者保护法的出台，但更有意义的是，大麦被确定为酿制啤酒的唯一谷物，这很大程度上是因为小麦的短缺通常使面包供应不足。而且，啤酒税是世俗政权的主要收入来源之一，它们清楚地意识到，品质的下降也会导致收入的减少。可能正是这样的担忧促使巴伐利亚州政府于1553年禁止在温暖的夏天进行啤酒酿造（那时有害的微生物可能比较猖獗），因此基本将巴伐利亚啤酒的酿制限定为拉格——这对世界啤酒市场有着长久的影响。

但德国啤酒生产并不完全是单一的。尽管拉格啤酒在全国范围内销售最佳，顶部发酵的小麦啤酒现在也被广泛生产和消费。德国啤酒还包括黑麦啤酒、科什（Kolsch，它是混合性啤酒，既是顶部发酵，又经历了拉格这一过程）、著名的烟熏啤酒班贝格（Bamberg，它将拉格酵母与在远古木火上烘烤的麦芽结合在一起），甚至还有一种来自科特布斯市（Cottbus）的混合啤酒，除了小麦和大麦麦芽外，它还含有蜂蜜、糖浆和燕麦。

巴伐利亚旁是波希米亚，属于今天捷克共和国的西部。它有着优良的啤酒酿制传统，却没有《啤酒纯酿法》，波希米亚城镇皮尔森的啤酒酿制标准似乎在19世纪早期有所下降——1838年，暴乱的居民将几十桶质量低劣的啤酒倒在市政厅的台阶上。皮尔森市的市政官员在震惊中求援，结果迎来了粗鲁而又脾气暴躁的约瑟夫·格罗尔（Josef Groll）。格罗尔是来自巴伐利亚的啤酒酿造者，后来去了英国，了解到使用焦炭烘烤的浅麦芽（后面会更多地谈到这一点）来制作淡艾尔的秘密。他投资英国窑口，放入浅麦芽，通过巴伐利亚拉格的方式进行发酵。皮尔森当地的软水、萨兹啤酒花和大麦被证明非常适应这种操作。当几个月后第一批啤酒桶被打开时，每个人都为之折服。格罗尔的“皮尔森”是清澈、轻盈、金色和明亮的，有“厚实的雪白泡沫”和微妙的啤酒花香气。它为拉格啤酒设立了标准，其他人奋起直追以与之匹敌。现在整个欧洲，事实上整个世界都在用许多方式酿制皮尔森啤酒，但追捧者们认为只有在皮尔森，所有的原料才能完美融合。

尽管德国啤酒饮用者们逐渐抛弃了艾尔，选择了拉格，艾尔啤酒却仍在比利时获得青睐。就像在德国，比利时的啤酒酿制最初来自修道院酿造。但是，频繁的政治动乱意味着许多传统机构最终消失，所以今天大部分比利时修道院啤酒要么是在 16—18 世纪的艰苦岁月中重建的修道院中酿造的，要么就纯粹只是以修道院艾尔“风格”酿造的——它可以涵盖许多范围。比利时修道院啤酒中的一个特别种类是特拉普派限定，意味着它们是在西多会特拉普派分支（这一分离出的团体起源于 17 世纪的法国）的六大修道院之一中酿造的。现在世界上有 11 种啤酒有令人垂涎的“正宗特拉普派产品”的标签，但除了今天比利时的六大特拉普派啤酒修道院之外，其他的都是在 1835 年后建立的。

对于一个小国来说，比利时有令其自豪的极为丰富的啤酒和风格。“双料”（Dubbel）和“三料”（Tripel）原本是特拉普派限定啤酒，它们是酒体厚重、果香浓郁的棕色艾尔，酒精浓度分别在 6% ~ 8% ABV 和 8% ~ 10% ABV，尽管三料的颜色现在通常更为金黄。比利时琥珀艾尔一般可与英国浅艾尔匹敌，但普遍更浓、麦芽味更重、酒精浓度更高；金色艾尔也在相同的风格范围内，尽管在酒体和颜色上更浅（酒精浓度并不一定更低）。“香槟啤酒”在瓶中经历了二次发酵，弗拉芒红啤（Flemish reds）则被接种了乳酸菌培养液。赛松（Saison）或“农场风格”艾尔传统上是酒精浓度较低的啤酒，酿制于丰收季节，瓦隆（Wallonia）南部农场的工人们用它来解渴。它历史更悠久的版本最初是为瓦隆北部的工人们酿造的，酒体更重，被称为“守卫者啤酒”。但要小心：许多现代的塞松啤酒抛弃了传统，其酒精浓度在 5% ~ 8% ABV。比利时特有的一种著名啤酒是拉比克啤酒（lambic beer），它用小麦酿造，使用野生酵母发酵，熟化时间延长。加入水果——如加入樱桃酿制樱桃啤酒（kriek），加入覆盆子酿制覆盆子啤酒（framboise），加入桃子酿制桃子啤酒（peche）。如果使用糖来激发发酵，结果就是法柔（faro），而略微闪光的贵兹（gueuze）原本是酸啤，它是通过混合更新鲜的、未完全发酵的啤酒与更熟化的啤酒，使那些野生酵母在瓶中完成最后发酵而酿制的。

总之，比利时是啤酒爱好者的奇幻之地，仅是艾尔的种类就可以说明啤酒在该地区的深厚历史根源。尽管该国在过去几个世纪经历了多次动乱，大部分历史风格的当下演绎并非是其古代样本的完全复制，也就不足为奇了。众口难调，但所有品种都很有趣，很难找到酿制得非常糟糕的比利时艾尔。但是这个国家也生产大量不是那么独特的皮尔森风格的拉格。对于我们这些外部人士来说感到比较奇怪的是，大部分现代比利时啤酒饮用者现在选择这种较淡的风格：在该国生产和消费的拉格要比艾尔多得多。

比利时盛产艾尔的原因之一，无非是因为它太过靠北，不能种植用于酿葡萄酒的葡萄。艾尔的另一个主要生产国英国（或者直到

最近之前）也是如此。英国制作顶部发酵啤酒的传统可以追溯到斯卡拉布雷史前村落。直到 20 世纪，酿造和饮用拉格的习惯都没有明显渗透到英国。

在中世纪早期，大不列颠到处都是淡啤酒，它是营养（以及安全水质）的珍贵来源，通常是重新使用以前酿酒的麦芽酿制。最初，被称为啤酒屋老板娘的女性经营啤酒屋，出售在厨房酿制的啤酒，但不久，男性开始强行介入该行业。到 14 世纪，男性啤酒酿制者们开始成立行会，尽管他们主要为自己的啤酒屋酿制啤酒，但也可以供应他人——这是后来酒厂酒吧的前身。这一发展明显使早期形式的顾客保护变得必要，政府雇用“艾尔测试员”来评估出售产品的强度，以及为税收设置合理的定价。要胜任这一职位必须强悍，也许是因为测试员饮用的啤酒样品并不一定总是质量优良。不幸的是，测试员被迫坐在啤酒洼间以确定它是否拥有足够的提取物来将其皮裤粘到凳子上的说法很可能是虚构的。但是在中世纪的英国，变质是一个重要的问题，因为具有防腐作用的啤酒花还需要很长时间才能在当地流行：直到 16 世纪，它们才成为英国啤酒的常规成分。

到 17、18 世纪之交，更大的英国啤酒商开始生产一种新风格的艾尔，这就是波特*，它添加非常多的啤酒花，由深度烘烤的麦芽制成。它的酒精浓度高达 6% ABV 或更高，并借助了早期科学工具，比如温度计和湿度计，是作为工业产品被生产和分配的首批啤酒。酿制它的大型啤酒商的经济规模很快就使个体酒吧酿制自己的啤酒变得不再现实。

者注】
ter，据说是因为
市场搬运工中间
欢迎　英文的
工即为 porter。

烘烤大麦的窑传统上是燃烧木头或煤炭的，会产生非常浓烈和具有烟熏味的麦芽。波特啤酒因此是酒体沉重的黑啤。但是 18 世纪快速的技术进步使清洁燃烧的焦炭越来越便宜、易购。这一发展扫清了浅色麦芽大规模生产的道路，它们是淡艾尔新兴种类的基础——正如我们看到的，也是约瑟夫·格罗尔的皮尔森拉格的基础。

淡艾尔主题的一个极为重要的变种是印度淡艾尔（IPA），它就在大英帝国的这个附属地生产。印度炎热的天气使其很难酿制啤酒，但热得难受的英国商人和各路探险者不希望只能喝印度传统提供的辛辣的、通常十分危险的阿拉克棕榈酒。虽然极具市场前景，但将英国艾尔运到印度需要经历一段漫长和艰难的海上旅程，传统啤酒很难在这一状态下保存。解决这一问题的方法就是略微增加酒精含量和添加非常多的啤酒花，这样的酒被称为十月啤酒。

十月啤酒是烈性淡艾尔，许多拥有大量土地的士绅阶层非常喜欢它，正如 A.E. 豪斯曼（A. E. Housman）所说："英国啤酒有许多品种，它是比缪斯更令人兴奋的酒。"通常这些啤酒会在大房子的酒窖中熟化两年，但是到印度时间稍微短些的旅途也能完成相同的任务——甚至更多。艾尔啤酒到达热带时，不仅明亮、富含果味、醒脑，而且经常会有一些起泡，这很可能是通过酒香酵母（Brettanomyces）的活动在桶中发生了二次发酵。大量的 IPA 被出口到印度以及更远的澳大利亚；到 19 世纪早期，酒精含量更少的版本已经被销售给了英国国内的消费者。更淡的 IPA 也被出口到欧洲大陆，那里也有乐于接受的人群：在爱德华·马奈（Edouard Manet）1882 年的伟大画作《弗里·贝尔杰酒吧》（*A Bar at the Folies Bergere*）中，巴斯艾尔出现在香槟瓶旁边。

在爱尔兰，波特啤酒有自己的发展方向。当阿瑟·吉尼斯（Arthur Guinness）于 1759 年开始运营其都柏林啤酒厂时，爱尔兰啤酒的状态据说是非常糟糕的。吉尼斯的反应是提升技术，到那个世纪末他开始集中精力生产一种口碑非常好的波特，并迅速占领了市场。20 年后，他的继任者们酿造出颜色非常深的"超级波特"，并最终发展成为国际知名的"烈性世涛"（Extra Stout），它几乎已经是纯黑色的了，略有燃烧的口感。出于节省能源的目的，英国政府禁止深度烘烤麦芽，这一禁令导致波特和世涛在英国的产量猛跌。

基于酒精浓度的税收系统的影响仍然存在：更淡、更便宜的艾尔被定位为轻啤，而更苦的艾尔在整个19世纪下半期盛行于英国市场。

就在“二战”之前，沃特尼的红桶（Red Barrel）在英国上市。它是第一款稳定的人工碳化艾尔，施压装于铝制啤酒桶中。其他酿造者紧随其后，曾经广泛使用的将未经碳化的啤酒从放在酒吧地窖里的小木桶中提取出来的啤酒泵开始在英国消失，为小龙头所取代。新的艾尔比以前更易运输和供应，但许多传统啤酒饮用者却倍感失望，因为它缺乏特色。我们在后面会再次谈到这一变化的影响。但同时，在美国，大禁酒对啤酒产业的影响比英国受税收或战争的影响要严重得多。

美国也许是一个清教徒国家，但它是建立在啤酒之上的。1620年，清教徒国父们之所以决定在到达预定目的地弗吉尼亚之前上岸，正是因为“五月花号”上的艾尔啤酒喝光了。不久后，马萨诸塞新任命的首任州长约翰·温思罗普（John Winthrop）被派遣到新殖民地，随行的船上装满了啤酒。随后，《独立宣言》的签署是用大量啤酒来庆祝的，地点就在托马斯·杰斐逊（Thomas Jefferson）起草这一文件的费城酒窖之中。

当然，所有这些啤酒都是艾尔；但是在19世纪中期，大量德国拉格的酿造者来到美国，美国人的口味开始发生变化。德国人在中西部发现了理想的啤酒酿造环境。在19世纪末，仅是密尔沃基市就已经酿造了全国一半的啤酒，大部分是皮尔森风格，尽管其他地区的一些酿酒厂仍勇敢地坚守艾尔。由于当地的大麦与欧洲的品种有所不同，一些酿造者也开始在麦芽液中加入大米或玉米进行试验，以模仿更为熟悉的风味。

随后，打击降临了。随着20世纪20年代初大禁酒的到来，合法的啤酒生产在美国停止了，美国的饮酒者们转而饮用更容易走私的烈性酒。当禁令最终于1933年被解除，但是啤酒产业的供应链被破坏，需求超过了正常供应量，许多劣质的产品进入市场。消费随之降低，多家酿酒厂倒闭或被收购，导致该行业逐渐被大型啤酒企业主导——这一趋势直到今天仍无情地在继续。大型啤酒企业们为寻求经济和利润，转而使用大麦替代品，越来越依靠广告出售产品。冰箱的逐渐普及也在其中起到了作用：如果你的啤酒被冰镇，味道的细微差别就没那么重要。

到20世纪中期，美国大众市场啤酒成为非常无趣的产品，即使是受欢迎的进口产品，如喜力（Heineken），也是使用统一模具做出的。一段时间后，在美国大城市的一些专家酒吧中，英式桶装苦艾尔得到追捧，但是美国顾客还是有些拒绝饮用“苦”啤酒。最终有人想出了复兴IPA品牌的绝佳主意，但说实话，这些艾尔只不过是偷偷复制了那些添加大量啤酒花的原版产品。

因此，大禁酒的遗产是——冰镇工业啤酒占据了主导地位。这注定会引起反弹——20世纪70年代出现精酿啤酒运动。由于没有传统干预来阻止他们，年轻一代的美国小规模啤酒酿制者们在几十年里成为世界最具想象力的古老行业从业者。在国际巨头挥之不去的阴影下，他们创造了英国啤酒作家彼得·布朗（Pete Brown）怀念性地描述为美国啤酒涅槃重生的时代。

4

啤酒饮用文化
Beer-Drinking Cultures

1967 年，南澳大利亚州成为澳大利亚最后一个放弃酒吧下午 6 点“最后一轮通知”的州，引发了声名狼藉的“6 点狂饮”。为了更多地了解归家途中的阿德莱德工人们在其法律允许日间饮酒的 75 分钟内（从工作时间结束到其摇摇晃晃着从酒吧出来的 6:15 之间，后者是官方规定的酒吧关门时间）饮用的啤酒，我们从南澳大利亚州最大也是最古老的啤酒厂订购了一瓶“原产”淡艾尔，该厂直到 1968 年才第一次酿制拉格。晃动瓶子唤醒其中的活酵母后，我们与这款略微有点浑浊的艾尔相遇，刚开始，它的颜色是浅琥珀色的，但是随着更多的沉淀物沉下来后，颜色逐渐变深。开始的味道很淡，快速散发，味道并不浓郁，只有一点点啤酒花。在炎热的澳大利亚午后快速狂饮，感觉真不赖。

毋庸置疑，有关啤酒消费的传统和仪式不仅像文化一样广泛，也带有地域性。事实上，如果你不了解饮用啤酒的社会与这种饮料的关系，你永远不会真正理解这一社会——尽管这一关系可能是相互冲突的。

20世纪60年代，每个周六，美国明尼苏达州的每个大家庭里的所有男性成员集体前往附近一个湖边钓鱼。不管喜欢与否，你都会在黎明前起身，将所有的装备放入卡车，开车到汉姆啤酒厂（Hamm's Brewery）买上几箱啤酒，然后去钓鱼。随着太阳升起，你爬进平底船，离岸进入一个被淹没的砾石坑，从船上放下线，将你一箱箱的罐装汉姆啤酒放入水中，保持啤酒的凉爽。刚开始，你可能会被冻得瑟瑟发抖，而到了正午却在毫无遮挡的船上被太阳炙烤，徒劳地用一罐罐啤酒对抗身体脱水——每一罐都比前一罐要更热——直到太阳慈悲地落山，你和你微薄的收获可以体面地返回岸上。

对于外人来说，这很难说是打发珍贵一天的最佳方式，即使是一位专业的渔民，几条小鱼也不算什么回报。但这些都不重要。最重要的是，这一行程是一种社交仪式，通过这种啤酒社交男人们建立并维持友谊。当然，汉姆的产品也许非常乏味——特别是在温度升高以后——但是比起特别无聊的钓鱼来说更容易建立友谊。

在1963年的圣保罗，啤酒——不管多乏味——是必需的社交黏合剂。相比之下，去酒吧的主要是孤独者和失败者。那时，美国普通酒吧还没有从大禁酒前期的过剩中复苏，在那个时代酒吧的数量在仅仅25年里翻了两番——即使，啤酒明显逐步把阵地让给了烈酒。就算酒吧再次变得合法，超市和家庭制冷设备的普及将抢走此前去酒吧饮用啤酒的顾客。受到大量广告的鼓励，这些好市民们开始在家以及在湖上与家人和朋友消费无数的罐装和瓶装啤酒。相应地，酒吧作为一类机构开始变得更为边缘化，整个饮酒文化消亡了。德国文化历史学家沃尔夫冈·希弗尔布施（Wolfgang Schivelbusch）总结得很好：酒吧友情——敬酒、调笑、交谈、买巡——消失了，酒馆不再是酿酒者和顾客青睐的中间人。典型的酒吧变得阴暗、潮湿、地板粘连，大部分位置被那些逃避家庭内战或者没什么地方去的人占据。需要再过几十年，这种情况才会变得相对来说较为罕见，直到那时美国酒吧场景才可能再次兴盛。

这种酒吧的边缘化从未在澳大利亚发生，在这个炎热的国家，制冷设备的到来使冰镇啤酒（主要是拉格风格）比在美国更受褒奖。因此，一般来说，在澳大利亚，越热的地方，酒吧里的啤酒杯越小——这当然是因为要让从冰镇的龙头里流出的啤酒没时间变成常温。难怪澳大利亚是冷却器瓶套的家乡，设计独特的它是用来维持冰镇啤酒罐温度的泡沫橡胶套——即使里面装着极为复杂的精酿艾尔。

啤酒在整个澳大利亚都颇受追捧，尽管基础良好的葡萄酒业最近夺走了大批消费者，它仍是该国更受欢迎的饮品。饮酒是严肃的社交事件，比美国更多地出现于聚会地点，比如酒吧。正如英国观察家哈罗德·芬奇－哈顿（Harold Finch-Hatton）在19世纪晚期所记录的那样："在每个阶层，独自饮酒都被认为是不好的……当一个人想要喝酒时，他会立马寻找一个一起喝酒的人。"而且，如果一个澳大利亚人遇到另一个"比如已经12小时没有见过的人，礼仪要求他应该不由自主地邀请他来喝酒"。他写下这些后的一个世纪以及更长的时间里，似乎没有什么大的变化。尽管因此导致的结果是澳大利亚人大量饮酒，但醉酒率相对较低，因为通常饮用的是啤酒，而饮酒的目的是促进交流与对话。

最能戏剧性代表澳大利亚酒吧饮酒高度社交性的是买巡，每个在场的人都希望为大家买一轮酒。不管你是否是勉强接受邻座的人为你买一杯酒，一旦你默不做声，你就被默认加入了游戏，直到在场的每个人都请过一轮，你才能退出。买巡在淘金热时期得名，这明显不是因为请酒者需要在喧闹之中大声叫嚷以点单请酒*，而是因为成功的探矿者会走到大街上，大声叫他的同事们与他一起庆祝好运。

*【译者注】英文里在酒吧里请一轮酒与大声叫嚷是同一个词 shout。

澳大利亚也提供了绝佳案例，说明控制酒精消费经常自证完全是失败的。在禁酒运动于美国情绪高涨、大禁酒还没到来的时期，澳大利亚各州引入了酒吧下午 6 点关门的法令，而酒吧此前是晚上 11 点关门的。潜在的动机一直勉强归于道德，旨在减少醉酒和胡闹；但在大部分地区，饮酒时间的缩短被公开宣称为是与“一战”相关的紧缩措施。大部分州的关门时间提前始于 1916 或 1917 年间，尽管昆士兰州坚持直到 1923 年才规定晚上 8 点关门。塔斯马尼亚州于 1937 年恢复正常，但更为理性的开放时间直到 1960 年代才在澳洲大陆的大部分州中恢复。

限制酒吧营业时间的效果可想而知：下午 6 点的狂欢。工人们下午 5 点从工厂和办公室鱼贯而出，直接前往最近的酒吧。一旦到了那里，他们开始点酒，并在最后一轮酒于 6 点下单之前咽下尽可能多的酒，到了 6 点，他们排队再吞下几杯啤酒，直到喝酒时间于 6:15 结束。酒吧将体现文明但颇占地方的设备（比如台球桌和飞镖台）改建，以扩大站立空间容纳蜂拥而至的人群，拥挤的人们很快就喝醉了，因为他们的饮酒速度比代谢快得多，即使饮用的是度数较低的啤酒。旧时的酒吧老板会讲述一些毛骨悚然的故事，比如他们如何试图满足人们的需求，一手提着啤酒枪瞄准杯子，另一手收钱，然后在饮酒时间结束后转变为保安。酒吧瞬间变空，街上充斥着喝多了的工人，蹒跚着前往车站，一晚上可能就在客厅的沙发上晕过去。这显然不是妇女基督教禁酒联盟那些不喝酒的人们所希望出现的有序社会。

今天，在澳大利亚你可以想喝酒时就喝酒，饮酒也变得更为文明。挨店巡酒据说也成为逐渐消失的传统，它指的是酗酒者以及那些来自森林、喜欢狂饮、导致“酒后崩溃”的殖民地工人的城市后裔所喜欢的、持续整晚地从一家酒吧跋涉到另一家酒吧去喝酒。虽然澳大利亚并非没有与酒精相关的问题，但总的来说，一旦理性饮酒时间恢复，固有的传统很快就战胜了欠思虑的法律未曾预期达到的影响。

在澳大利亚的早期殖民时代，欧洲殖民者们发现与不善饮酒的澳大利亚土著交往的最佳方式之一，就是让他们尽可能长时间地处于醉酒状态。不幸的是，这一相反但同样具有破坏性的政策被保留了下来。直到不久前的 2013 年，澳大利亚法庭还裁定，昆士兰法律限制土著成员拥有酒精的法律并没有违反种族歧视法，它站在惊人的家长式立场上，认为采取这一措施的“唯一目的就是确保需要这种保护的种族的合理进步……（为了）其平等享有……人权”。明显，法庭并不担心其判决打击了，而不是导致了不平等。法庭当然没能展现出它有这样的意识：如果社会真想改善许多土著社会被剥夺的权益，应该可以想出许多更好的方法。当然，其中一种就是使其饮酒公开化，使它在澳大利亚土著之间扮演其在世界人类历史中一直扮演的促进社会关系的相同角色。

尽管清酒的谱系更著名，拉格啤酒却是现代日本消费最多的酒精饮品。其中许多拉格是“干性的”，它们使用 20 世纪 80 年代朝日啤酒厂发明的一项技术酿造，这一技术可以分解麦芽汁中的复杂糖分。这一操作使那些糖可以被转化为酒精（见第 10 章），结果是啤酒更烈，我们感觉比西方的啤酒风味要差一些。你也许认为像日本这样文化自觉的国家，饮用啤酒通常应该是强烈仪式化的。但实际上，它的饮酒方式像澳大利亚一样带有浓厚的社交性质，甚至可以被看作是当地模式的 6 点狂饮。曾经，工作结束后，白领停止工作，先前往居酒屋，然后才回家过自己的生活，已经是长久形成的习惯。他们一般用一杯(或两到三杯)啤酒开场,使对话开始。到晚间，狂欢者也许会转而饮用其他酒精饮品。但不管怎样，喝酒是为了放松，扔掉禁忌，释放一些在极具正式阶级感的日本企业工作中积累的不可避免的部分紧张。在老板决定是时候回家了、每个人可以离开之前(有时刚刚在火车不再运营后)，通常所有人已经酩酊大醉。

我们说这是“曾经”，是因为即使在日本，随着旧的商业规范崩溃和社交媒体鼓励人们参与社交网络而不是企业和家庭，事情也在发生变化。这一变化并不仅仅是在消费模式上，因为自 1994 年监管啤酒酿造的法律被变更后，充满能量的日本精酿啤酒兴起了。但传统依然存在，在大城市你仍然可以看到红着脸的工薪男子们在深夜蹒跚着走向车站。离车站较近，有时是在支撑高架铁路线的柱子下面，你会发现无数居酒屋，也就是小而精致的啤酒吧，为那些通常会在上车前短暂停留的个体和群体提供服务。这种饮酒点在整个东亚广泛存在，最具气氛的要算点缀在越南城镇间的露天卖酒点，那里摇摇晃晃的椅子围在已经凹陷的铝质冰桶旁。正是在这样的地方，拉格真正发挥了其社会润滑剂的本色作用。

让我们看向遥远的西方，南欧国家通常被认为是饮用葡萄酒的国家；但实际上，这些气候温暖、地处南部气候带的国家也饮用大量的啤酒——这并不奇怪，因为这一饮料具有传奇般的解渴功能。

比如，在西班牙，几乎所有咖啡馆都有啤酒龙头，每个西班牙人每年平均畅饮冰镇啤酒大约 50 升（通常是度数只有 4～5 度的拉格）。意大利并没有被甩下太远。在那些孩子们通常在很小的时候就被允许喝（稀释）酒、酒在性格形成最关键时期并非禁果的国家里，喝啤酒就是生活的背景之一。因此狂饮是很少的，固定饮用适量啤酒就像在所有地方一样，促进社会关系，增进友情。

当然，啤酒可以在那些对它最特别的地方发挥相似的作用。考虑到德国是极爱啤酒的社会，在啤酒的进化中发挥了枢纽性的作用，世界对畅饮啤酒最顶级的表达方法——慕尼黑啤酒节——由巴伐利亚州城市慕尼黑举办，就毫不奇怪了。

奇怪的是，啤酒节的起源与啤酒并没有关系。1810 年 10 月，即将成为巴伐利亚国王的路德维希为庆祝与萨克森 - 希尔德伯加森的特蕾莎公主成婚，修建了一个新的赛道，地点在后来被称为特蕾莎的草坪的地方，现在通常被简称为维森。那时，维森就在城市边上，尽管今天它已经接近市中心。婚礼和第一场比赛举行了盛大的庆祝宴会，此前则是为新婚夫妇举行的精致游行。整个宴会非常成功，从那时起，只要没有发生战争和流行病，几乎每年都会举办。

在 1819 年（啤酒首次被供应的一年以后）得到慕尼黑城市缔造者的支持后，啤酒节快速发展，甚至在 1848 年路德维希退位后依然继续。路德维希在臭名昭章的啤酒暴乱仅 4 年后就退位了，这并非偶然，这一暴乱决定性地削弱了他的统治。暴乱的发生是因为他对这一饮品征税 [尽管他统治终结更直接的原因是卷入了与英国女冒险家洛拉·蒙特兹（Lola Montez）的丑闻]。随后，啤酒节时间变得更长——现在它持续（名义上）近 16 天——很快就囊括各种狂欢节目，包括啤酒摊和农业展览。它不再与皇家婚姻相关，庆祝的日期也被提前到更为温暖的 9 月。

因为是在慕尼黑，美食和啤酒开始主导啤酒节，与啤酒相关的不同传统开始出现，这也许是不可能避免的：庆祝式的开启龙头、饮用第一桶酒、酿酒者游行、化装游行、农产品展销会、啤酒帐篷、沉重及几乎不可打碎的一升啤酒杯等。到 19 世纪末，这一节日已经基本与我们现在所知道的一样，在维森东边集中了许多不错的怀旧农产品展销会场地，而巨大的啤酒帐篷（现在完全没有帐篷，但有装饰艳丽的庞大人造木屋，最多加上象征性的帆布屋顶）排列在公园西部的宽阔大道沿线，前面是数量惊人的一长排小摊，小摊上售卖纪念品、糖果和快餐。几十个最大的帐篷，每个在两天的时间里都可以容纳几千名饮酒者；1913 年最大的那个，令人震惊地容纳了 12 000 人。每顶帐篷都由不同的啤酒厂经营，有自己的主题、传统和热爱者。尽管慕尼黑啤酒节现在是国际活动，每年吸引全球大约 700 万游客参加，但当地人仍会自豪地告诉你，60% 的顾客是巴伐利亚人——因为有一大批粉丝在活动期间至少每隔一晚就要参加一次活动。

帐篷里几乎都是慕尼黑本地人，穿着传统巴伐利亚服装。帐篷于下午 4 点开放，到 4:15 时，整个大厅里只能听见铜管乐队的演奏声。到 4:30，所有的桌子都坐满了，而涌入的站立人群已经开始挤在帐篷的边缘。穿着紧身连衣裙和皮短裤的侍者在桌子间穿梭，挥舞着巨大的、冒着泡泡的啤酒杯，数量还不少——我们看到一个人神奇地手握 9 个杯子。杯中的啤酒（不管你在哪个帐篷，它都要服从啤酒纯酿法）明显是铜色的、添加啤酒花和诸多麦芽的三月啤酒风格的拉格，它传统上是在三月酿造，在夏末消费在啤酒节上的酒精浓度通常上升到 6%ABV。

到 5:30，大量的食物——主要是传统的烤鸡——已经端上并被吃掉了，晚间活动开始了。到 6 点，桌边只有少量的饮酒者还坐着；大部分已经站在他们刚刚坐着的凳子上——尽管这样不礼貌——

或者站在没有盘子只有杯子的桌子上。随着人群与乐队合唱，噪声和能量的级别增加了，人们通常挽着胳膊，危险地随音乐晃动。天色渐晚，人们唱歌和说话的声音更大了，点着和喝着更多啤酒。一些饮酒作乐的人最终开始晃悠，但有经验的管理者转移掉非常少数的那几个不省人事的人后，灾难被小心地避免了。就在10点关门前，你声音沙哑，略有些头晕，最好的朋友与许多陌生人在你身边，即使是最用心的玩乐者也已经开始收紧腰带，准备迎接次日的严酷工作。

那么，超越巴伐利亚认知的超级文化表达，啤酒节到底是关于什么的？就像大部分传统那样，似乎没有人在意节日的起源是啤酒免费的19世纪婚礼宴会。那些最早参与啤酒节的人无疑看到了冬天的临近，希望在严寒到来之前抓住任何可以放纵的机会。但是今天，当生活已经不再为季节统治，啤酒节仍然提供了一个机会，将令巴伐利亚沉醉的两大事物融合在一起：啤酒和舒适（Gemütlichkeit，德语）。后者是一种特别的德国概念，是指介于好感觉和好人之间相同距离的一种状态。它是你自己的感觉，也是你在有人在侧时的感觉。它描述了你只能在有人陪伴的情况下的良好感觉，以啤酒节来判断，人越多，越欢乐。当然，这使我们回到啤酒作为增进朋友间友谊的独特促进剂、打破陌生人社交障碍的社会角色。在啤酒节拥挤的公用桌子上，很难想象你不会与邻座或后座的人，甚至是两个桌子以外的人聊天。

尽管现在啤酒节已经在全球各地流行开来，它仍是独特的巴伐利亚传统。你不能想象这样一个传统会在英国兴起，那里的人们本能上更内向和间接，不能全面享受啤酒节——除非他们属于幸运

的、不断减少的狂饮者群体。相反，为了理解英国的啤酒文化，你需要拜访一间酒吧，更好的情况是去很多家。酒吧（Pub）是公共房屋（Public House）的简写，这正是这一机构的源头。中世纪艾尔酒娘们在自己家中酿造并向大众提供啤酒，许多酒吧开始时就是某些人自己家中的客厅。

成功的艾尔酒娘通过酿造比同行更好的产品来吸引当地顾客，她的周边会不可避免地成为人们聚集的地方，不仅为了喝酒，也为了交换八卦和进行社区事务。在这些地方，饮用啤酒和社交（以及可能进行密谋）基本是同样的意思（古代巴比伦的影响）。通常更高级一些的艾尔酒屋是那些为旅行者及其他过路的人提供食物、饮品和住宿的酒馆。最初作为小规模企业起源的酒馆随着经济的发展同步扩张，伴随道路的改善和长距离货物贸易的增长，在18世纪和19世纪初迎来了黄金时代。这一时代在19世纪的第二个25年里因为火车的到来而中断，火车旅馆兴起了。从最开始，酒馆就是社会活动的焦点：乔叟《坎特伯雷故事集》（*Canterbury Tales*）里，位于今日伦敦南部的塔巴德酒馆成为14世纪朝圣者聚集后前往坎特伯雷朝圣的地方，在那里你能遇到文明社会的各色人等。不管如何，艾尔酒屋或酒馆这些服务中心为社会提供了一个枢纽，使人们——朋友和陌生人——聚到一起。这两种设施都建立在风靡全国的啤酒之上，尽管酒馆也出售葡萄酒和烈酒。第三类酒吧是小酒店，它们自罗马时代就存在，但是为了追随其早已逝去的建立者的爱好，它们主要专注于葡萄酒。

逐渐地，这些不同种类酒馆的区别开始消失，让位于混合形式，也就是我们今天所知的酒吧。酒馆传统上为旅行者提供房间，而艾尔酒屋的继承者们并非如此。但是所有的酒吧仍是社交聚会的焦点——尽管在农村，它们倾向于为整个社区服务，而在繁华的城市，它们通常被客户分类。随着那些城市的发展，啤酒的需求飙升。

大型啤酒厂的规模效应满足了这些需求，可以将啤酒运送到更远地区的技术的改进也有所帮助。这一更大的地理足迹相应地要求更稳定的分配方式，不仅是运河网络（以及后来的铁路）的扩大，而且在销售地点也是如此。相应地，大型啤酒厂开始抢购酒吧，于是对于我们这些上年纪的人来说比较熟悉的酒厂直营系统出现。它们为酿酒业巨头所有，或者只卖巨头们的啤酒。很快，只有少数酒吧是可以出售任何啤酒并为有偏好的客户提供选择的自由酒吧了。

刺激啤酒需求增长的口渴的产业工人几乎全是男性，而女性倾向于待在家里，酒吧开始失去其作为社会生活中心的地位。也许更糟的是在 19 和 20 世纪，它们受到非常任性的税收和执照法、战争频发、上流社会不喜、严重变化的人口、戒酒狂热者的攻击、吸烟禁令和其他恶劣影响的阻碍。到“一战”时，对啤酒的需求严重下降；到“二战”时，酒吧总体上处于非常糟糕的状态，为处于社会下层的顾客提供通常是没有任何特点的淡艾尔。

“二战”改变了这一切。当炸弹轰炸英国时，酒吧再次成为社会精神的象征，为人们提供寻找相互支撑、解除战争生活压力的场所。但是当时的啤酒本身很糟糕，因为缺乏原料导致质量下降。也许更糟的是，酿造商们新的偏好是制作和分发小桶装啤酒，以取代更难运输和保存的木桶啤酒，这使得即使战争已经久远，英国顾客们仍会继续饮用相对较淡和没那么有趣的啤酒。总的来说，与战后时期总体的无精打采相匹配，许多酒吧仍是毫无生机、非常落后的。

于是，在 20 世纪后半期，毫无意外地，随着其他公共娱乐场所的扩散，酒馆的功能性开始减弱。同样糟糕的是，随着新一代饮酒者的出现，精酿啤酒和瓶装啤酒开始将没什么感觉的小桶艾尔赶出市场。为此，许多酒馆开始自觉地针对市场的特定领域经营：有的向家庭贸易敞开了怀抱；有的成为美食酒吧，与那些拥有绝佳酒单的餐厅几乎没有分别；有的为体育迷安装了巨大的屏幕；有的开始做主题酒吧；有的完全转为酿造酒吧。尽管有这种认同危机，但它作为主要的社会机构之一，社会有多广泛，它的种类就会有多丰富。

最好的酒吧提供迎宾的环境（倾向于用维多利亚时期的木艺来装饰），使每个人，不管是常客还是新客，都感到宾至如归。它们提供的英国啤酒的酒精度为 3% ~ 4%ABV，不论男女，都可以在这里整晚稳定地饮用和交谈。最糟的酒吧则可能是破烂的、压抑的，大部分理性的人都想快点喝完酒并离开——但最近酒吧稳定关张节奏的积极影响是，后一类变得越来越少、越来越远。未来，酒吧很可能会继续努力吸引顾客，不管是提供更有趣的啤酒种类（英国精酿啤酒运动的兴起使这一特点变得更为容易）、更好的食物——花样百出，还是更具吸引力的环境。但不管酒吧如何改善，它们的资助者还是坚守已经经受了时间考验的行为模式。巡酒在英国也许不像澳大利亚那么正式，但尽早进行仍不失为一个好主意。

尽管充满试验和苦难，酒吧还是幸存了下来。但是它至今仍然存在是因为进行了调整。正如每一代都有自己对《荷马史诗》的翻译，每个饮用啤酒的社会都会营造独特的聚会和饮酒环境。英国未来的酒吧未必如当下这样，但只要啤酒存在于这个星球之上，也就是说，只要还有人在酿造和饮用它，酒吧就必然会存在。

PART TWO

ELEMENTS OF (ALMOST) EVERY BREW

（几乎）所有啤酒的元素

第二部分

5

必要分子
Essential Molecules

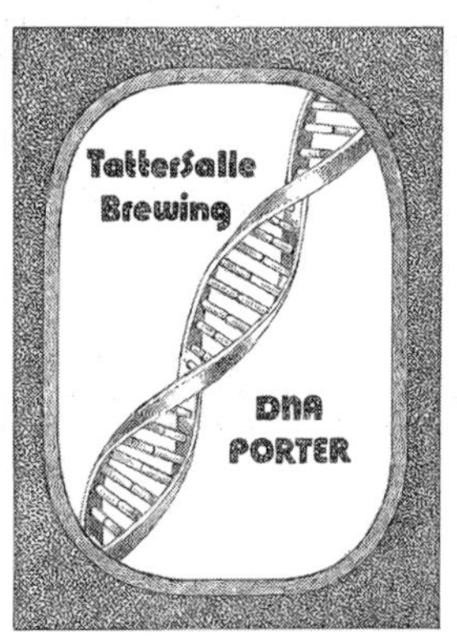

目前美国市场上并没有以分子为主题的啤酒，这是另一款需要自己制作的啤酒。我们想要制造这样一种艾尔，它有着令人满意的分子浓度，所以我们使用了烈性波特。在啤酒溶液中我们添加了复杂的成分，包括黑巧克力、小麦麦芽，随后是从老波旁威士忌桶中得到的碎屑、苏格兰艾尔酵母和金牌及奇努克啤酒花。最后得出的产品是浓烈、深色、乳脂般的艾尔，入口持续感强，有愉悦的甜度，余味有一点威士忌感。它有我们想要寻找的所有的分子复杂性。

在接下来的4章里，我们将介绍啤酒的4大主要成分：水、大麦、酵母和啤酒花。从自然史的角度来说，啤酒的这些成分是各种各样的集合体，但它们有一个基本的共同特点：分子，那些由原子构成的小结构。因此，作为更细致地研究这4种神奇成分的前奏，让我们快速看看那些小分子。这不仅可以帮助我们了解为什么啤酒的味道这么好，能让人产生愉快的生理反应，还能给我们一个机会，来揭示所有这些关键角色在啤酒酿造过程中的进化历史。这一部分会比较专业，如果略过它不会对品尝啤酒有关键性的影响，但阅读它可能会让你有意想不到的收获。

首先，啤酒及其成分是由原子构成的，原子组合成了分子。就像这个星球上的大部分事物一样，啤酒是以碳为基础的，这意味着它有许多碳原子。原子有许多种类，但动物身体在使用时是有选择性的，大部分活着的动物只包括6种原子。碳是存在第二多的，仅排在氧之后。助记符OCHNPS可以被使用来记住这6大原子——氧（O）、碳（C）、氢（H）、氮（N）、磷（P）和硫（S）——根据它们在动物中的丰富程度排列。酵母也使用同样的6大原子，许多氯也如此。植物使用这6大原子，但另外4种原子在其结构中也起到重要作用：镁（Mg）、硅（Si）、钙（Ca）和钾（K）。作为没有生命也没有那么复杂的实体，水是啤酒成分中含有最少元素的（仅H和O），但它的溶液或悬浮液中可能携带许多其他化合物，这一性质对于酿造者来说是非常重要的。

所有这些原子都极小，即使当它们与其他原子结合成化合物和分子，形成的结构也很小。以水为例，一个水分子长约300皮米，也就是0.0000000003米。一个标准啤酒品尝小杯直径大约为6厘米，也就是0.06米。这意味着需要2亿个水分子首尾相连才能延伸那么长。

黄腐酚分子也很重要，它是啤酒花中的成分，会给啤酒带来苦味。黄腐酚是一种类黄酮，比水分子大——它的化学式是$C_{21}H_{22}O_5$——所以达到啤酒杯的宽度大约只需800万个。美国啤酒在加入啤酒花后所含的黄腐酚量上各有不同，但每升浓度0.2毫克比较典型。因此，一杯300毫升的啤酒大约含有0.06毫克黄腐酚；这在质量上并没有多少，但它意味着在杯中有10^{22}个黄腐酚分子。

像这样的数字在我们日常经验中毫无意义，但它们却给了我们一种方式，来理解任意一杯啤酒中所包含的化学物质的总体规模。不过，当我们对酿制啤酒过程中发生的化学反应了解更多时，这种规模感能帮助我们理解啤酒的本质到底有多复杂和多易起反应。我们也能了解分子考古学家如何能从曾经装过古代啤酒的陶制容器上的分子残留物中探测其成分。

我们对啤酒成分自然史的讨论最相关的是DNA（脱氧核糖核酸）这一结构完美的大分子。这是生命、遗传的分子。DNA是复杂的分子，由更小的分子（被称为碱基或核苷酸）组成，而它们又由碳、氧、氢、磷和氮原子组成。每个核苷酸有4个主要的工作部件【图5.1】。核苷酸的中心是糖环(与接下来要讨论的氮环不能混淆)。糖环的一端（5'端）有3个磷酸基团。另一端（3'端）有相连的羟基群。最后，旁边伸出的是那些氮环（核苷酸的“碱基”部分），赋予每个核苷酸独有的特征。

DNA中有4种氮环结构，因此有4种碱基。其中2种碱基有2个环，另外2种有1个环。2环的核苷酸被称为腺嘌呤和鸟嘌呤，单环的被称为胸腺嘧啶和胞嘧啶。它们分别简写为A、G、T和C。5'端的3个磷酸基团常与3'端的–OH结合，所以DNA链方向为5'端到3'端。DNA是双链的，很像一个梯子，两边很长的平行线被

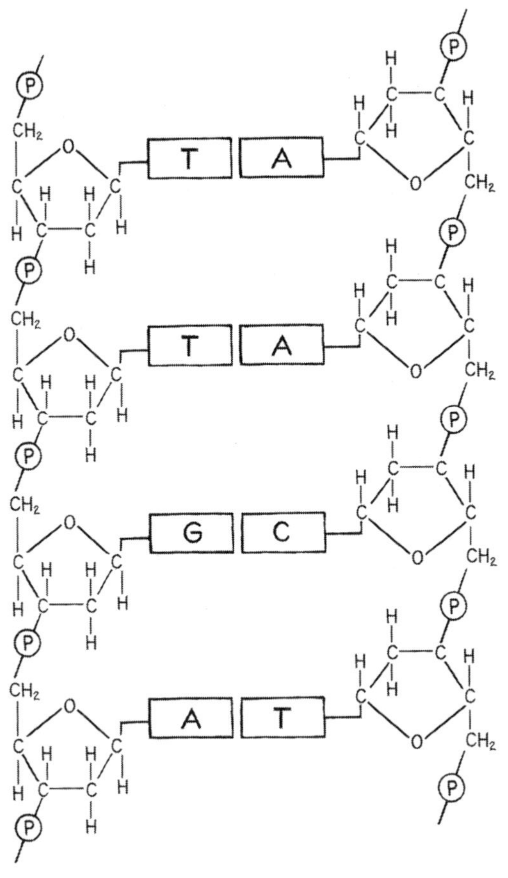

【图 5.1】
一短段双螺旋 DNA的图示。在双螺旋的两条链上，均有4个碱基或者核苷酸。图中还标注核苷酸的碱基对（A与T，G与C）。左链从上到下是 5′端到3′端，右链从上到下则是 3′端到 5′端。

横档连接，而侧基，也就是那些链外的 2 环和 1 环，会以特定方式相互连接。A 总与 T 连接，G 则与 C 连接。这一现象被称为碱基配对，而碱基被称为互补碱基。这种碱基互补配对对于了解 DNA 的美和逻辑至关重要。

想象两个互补的DNA链，长度为20个碱基。它们会紧密地相联，并在双螺旋中相互缠绕；碱基的顺序决定每个分子的功能。DNA与西方字母表的运作方式基本相同，除了“单词”只有3个字母，当然总共能运作的也只有4个字母。考虑到所有可能的组合方式，共创造出64个不同的单词。3字母编码的氨基酸是蛋白质的组成分子，而蛋白质组成了所有生命体。组成蛋白质要用20个氨基酸，因此在DNA字母表中有44个多余的3字母单词。这些多余的词为一些氨基酸充当冗余后备编码，其中3个在组成蛋白质的序列词尾充当“句号”。比如，脯氨酸有4个3字单词——CCC、CCA、CCG和CCT。

64个3字单词被称为遗传密码，它具有高度特异性。比如，每个氨基酸在大小、电极和对水的吸引力上有所不同。不同电极、大小和疏水性的排列共同对DNA所确定的每个蛋白质二维线性序列增加了一个独特的三维、折叠结构。这一三维结构与序列的其他分子特征，通常决定了蛋白质在生物体中的功能。

编码蛋白质的DNA序列被称为基因。比如，大麦的基因组有50亿个碱基对那么长，几乎是人类基因组的两倍。大麦基因组的26 159个基因（人类只有20 000个）在7对染色体（人类是23对）上呈线形基因排列。染色体在有性繁殖生物体中成对出现，因为每个个体从母亲那里得到一条染色体，从父亲那里得到另一条。这样

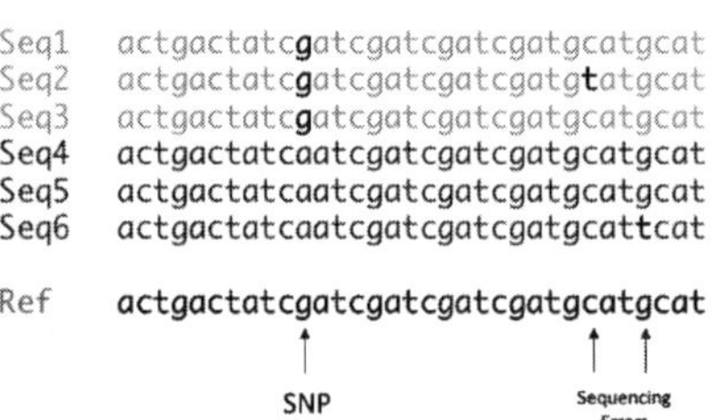

【图5.2】SNP的发现。两个族群的6条染色体序列（浅灰色是族群1；深灰色是族群2）。参考序列在下面用黑色表示。SNP箭头指出一个SNP，那里的测序错误被另两个箭头指出。

做是为了通过重组，也就是染色体对中的一个与另一个物理交换DNA，将变化加入族群中。

【图 5.2】展示了染色体的某一具体区域，是两个不同族群的 6 条个体染色体。对于大部分 DNA 序列来说，这 6 条染色体是一样的。但是，上方族群 3 条染色体中有一处与下方族群的 3 条染色体不同。这一出现变化的区域被称为单核苷酸多态性（SNP），它是现代基因组学的通用语言。

全基因组测序并不容易，不仅因为大部分基因组有几十亿个碱基长度，且需要被剪切成小段来分析。事实上，许多公布的所谓完整的基因组其实是有缺失的，因为基因组被随机剪切成 1 000 亿到 10 000 亿个短序列。DNA 被随机剪切的原因是你需要一些片段与另一些重合，因而通过重叠部分可以将其拼合为一个整体，就像制造一个巨大的序列菊花链【图 5.3】。所有这些需要庞大的计算，有时匹配是不正确的。但如果已经有一个被测序的基因组（比如从一种大麦上得到的），那么确定一个新的序列要容易得多，因为已被测的基因组可以像脚手架一样，构建一个近亲基因组。如果没有这样的脚手架（被称为参考序列），为基因组测序就被称为“从头”测序。幸运的是，大麦、啤酒花和许多酵母种类是有全基因组参考序列的，使得这种测序更为容易。

所有这些的目标是探知和分类尽可能多的 SNP。市场一些测序机器可以产生出几十亿个 DNA 短片段，称为短序列比对，技术的发展使研究者可以人工合成 DNA 或蛋白质短片段，并使用这些片段来帮助理解相关生物体的基因组。由于大麦基因组 50 亿碱基的大部分在不同植株上是相同的，研究者已经发展出目标测序方法，

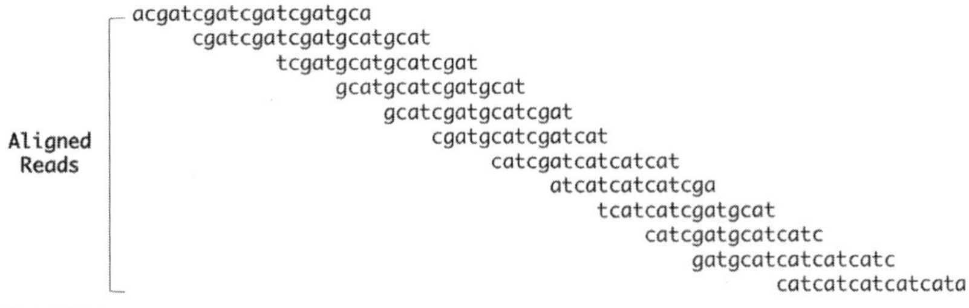

【图5.3】
12条DNA短序列比对片段，每组最多20个碱基，连在一起组成67个碱基长度的DNA连续序列。

只集中于在广泛个体中那些 SNP 有所不同（多态性）的基因组部分。

一旦电脑确定了重要 SNP 所在的序列，DNA 短片段就被人工合成，以与电脑确定的序列匹配——但是进行了扭转。每个 SNP 都由 5 段 DNA 合成，其中 SNP 的位置包括一个腺嘌呤，一个鸟嘌呤，一个胸腺嘧啶和一个胞嘧啶——或什么也没有——以匹配真实大麦 DNA 的不同可能情境。5 个 DNA 短片段（每个探测一个不同的碱基或它的缺失）被连接到一个与硬币差不多大小的芯片上。每一片段在芯片上所占的位置非常小，几十万个 DNA 片段都可以连接到单一芯片上，每一个的具体区域都被电脑追踪。此时，你想要测序的大麦 DNA 个体被切割，标上了荧光小分子，并与芯片发生互动。由于 DNA 希望进行互补，所有大麦片段都开始在芯片上寻找能与其 100% 匹配的位置。

然后，芯片经清洗后在特殊的相机下检测，可以看到芯片上的微小荧光点。它会分辨出大麦 DNA 哪里被杂交，从而确定该区域的碱基。另一种方法是使用相同的方法直到芯片这一步，然后将一个被称为生物素的分子与 SNP 所在的人工合成的 DNA 短片段相连。这些 DNA 短片段随后会被用来“捕获”目标基因组中的 SNP。

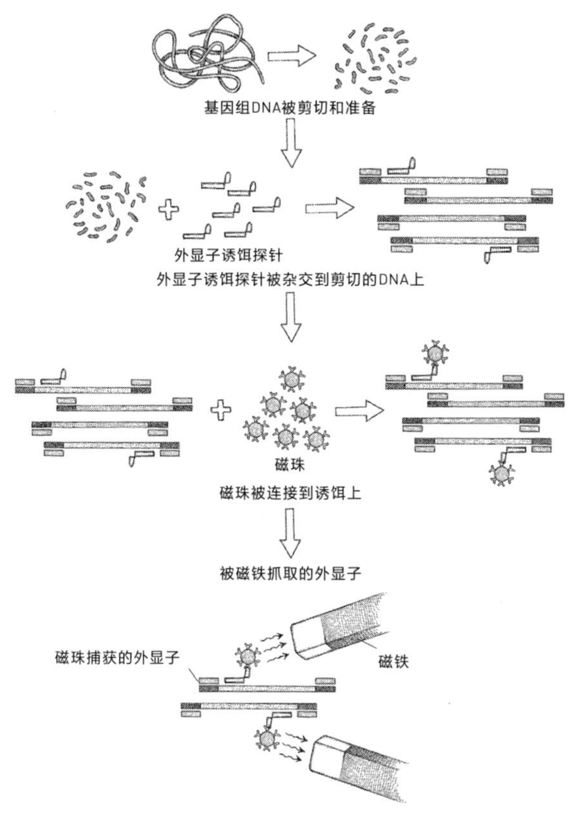

【图5.4】

使用磁珠的目标序列捕获。小的点状线是捕获序列，它有一个与之相连的生物素分子（曲线）。所有其他的线代表目标序列。带有凸起的圆形物体是能与生物素结合的磁珠。底部磁铁提取吸附在磁珠上的捕获序列。

当成千上万的探针与芯片上锚定的目标区域互补配对后，携带能结合生物素分子的小磁珠与 DNA 混合。任何被生物素标记的 DNA 双链片段将与磁珠结合，然后使用磁铁来分离磁珠及剩余混合物中的生物素标记分子。所有没有 SNP 的被捕获 DNA 片段会被洗去，剩下的 DNA 可以使用标准方法来测序【图 5.4】。

目标测序方法也许更准确，因为它在 100 层的信息范围下仍有高分辨率（信息范围指的是单一 SNP 的取值点数量）。通常，使用这一方法可以排列几十万个 SNP。这种测序的控制板可以购买，有一些是有专利的。大麦有几种快速测序序列，比如基因芯片（GeneChip）大麦全基因组、昂飞（Affymetrix）22 K 大麦 1 基因芯片和皮大麦（Morex）60 K 安捷伦（Agilent）微阵列。目前还没有啤酒花基因组的芯片或阵列，但是前景极为乐观，因为已有啤酒花（*Humulus Lupulus*）基因组数据库（HopBase1.0）。酵母确实有序列，称为基因芯片（GeneChip）酵母全基因组 2.0，但由于酵母基因组太小，许多研究者常对酵母不同品种进行"从头"测序。不管测序如何完成，一旦你拥有那些序列，你可以快速、有效和廉价地使用它们来发现啤酒酿制者所观察到的同一植物不同种类和品种的基因差异。

也许基因组测序的最大挑战是处理所有的数据。但是这是值得应对的挑战，因为当这些数据被合理解读时，就可以传递关于生物体生物和自然历史的许多信息。如果研究关注的是物种之间的关系，可以对序列数据应用一些不同的技术。比如，如果我们想检测驯化大麦品种间或祖辈啤酒花植物品种间的亲疏关系，可以使用基因组数据建立系统进化树。我们将在第 6—9 章对此进行细致讨论，但是在这里有必要列出相关的方法。

在决定农业生物体如何从野生祖先形式被驯化时，我们可以使用系统进化树的方法，基于它们是否拥有共同的祖先，生物群组

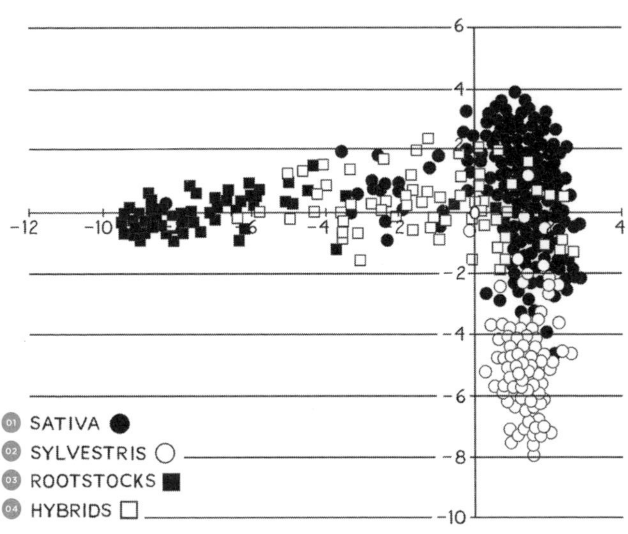

【图5.5】
葡萄基因组的主成分分析。实圈是栽培品种（用于酿造葡萄酒的葡萄亚种）；实框则是砧木（用于嫁接）；空心圆是野生亚种（野生葡萄的亚种）；空心框是杂交品种。

可以生成分枝进化树。基于进化树，我们可以推断某一物种与其他物种的关系。如果两个物种来自同一分支点，其间没有其他物种，它们就可以被推断为彼此是最亲近的亲戚，被称为姐妹类群。另一种分析基因组数据的目的是检测种内群体的动态变化。这种分析方法在研究酵母种群、大麦和啤酒相互关系时特别重要。人们使用这种方法试图首先确定被研究的个体是否被构建入种群。一旦得出结论，我们可以准确推断种群的数量，还可以使用基因组信息来分析自然和人工选择对基因组造成的影响。这些后续的扫描个体全基因组的方法属于从既定物种中鉴定可反映选择痕迹的区域。像栽培大麦这样的驯化品种，无异于破译培育者如何选育具有特殊品质的大麦品种。

基因学家们使用的方法极具视觉性。其中一种被称为主成分

【表5.1】

	属于种群A的可能性	属于种群B的可能性
个体1	100%	0%
个体2	78%	22%
个体3	22%	78%
个体4	0%	100%

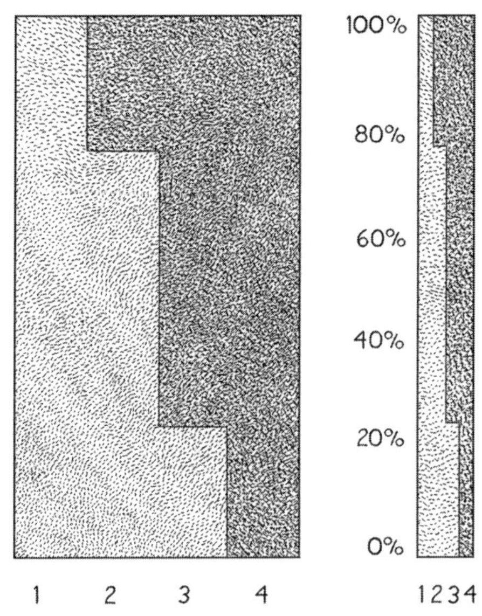

【图5.6】
左：在结构法分析中4个假设个体被分到2个不同种群的简单条形图（浅灰色是种群A，深灰色是种群B）。右：同样的条形图被水平压缩，结构法图示通常以这样的方式展示。

分析（PCA）。这一数据分析方法基于比较所有相关变量，就两个品种之间的差异产生一个数值。可以解释分析生物体间的大部分变化模式的两个变量，被称为主成分 1 和 2，并在二维图表中分别使用 *X* 轴和 *Y* 轴表示。这些数值在这一二维空间中聚集在分析单元，所以如果我们有 4 个个体，头两个主成分的距离如下：A 到 B=0.1，A 到 C=0.5，A 到 D=0.5，B 到 C=0.5，B 到 D=0.5，C 到 D=0.1——PCA 图表会显示 A 贴近 B，C 贴近 D，而这两个集群相互距离较远。就像我们即将看到的，这一方法给我们一个可量化的视角来审视一个研究中相关个体及集群的总体相关性。

这种分析方法被很好地应用到对另一种在酒精饮料生产中非常重要的植物——葡萄——的种群研究中，并告诉我们可以从中得出什么。在这一研究中，把 2 273 个葡萄品种分为 4 个群分析。这 4 个群是砧木、杂交品种、酿酒葡萄栽培品种的两个亚种，它们是酿制大部分葡萄酒的亚种、野生亚种。需要注意的是，这 4 个群有一些重叠，而这些群只有通过【 中的阴影才看得清楚。如果图中所有的点都是黑色，你不太可能推断出有 4 个群。

乔纳森·普里查特（Jonathan Pritchard）及其同事发明了一种决定集群或种群数量的更为客观的方法。这一方法被称为结构法，它通过不断重复模拟了种群结构的模型。模拟中的种群数量被确定为 K。使用基因数据，不论有多少种群，结构法都可以进行模拟。通过比较每一次 K 的不同值的运行数据，这一方法可以决定最有可能代表了多少种群。通过对 K 的良好估测，这一方法可以将研究中的个体分配到 K 种群中。一些个体可以 100% 地被分配给某个 K 种群。但是基于简单可能性，由于种群相互繁殖带来的影响，一些个体可以被分配给 2 个种群。我们用 4 个个体和 K=2 来举例，【 】显示了分配情况。

【图 5.6】里的条形图显示了被分配到 2 个种群里的比例。

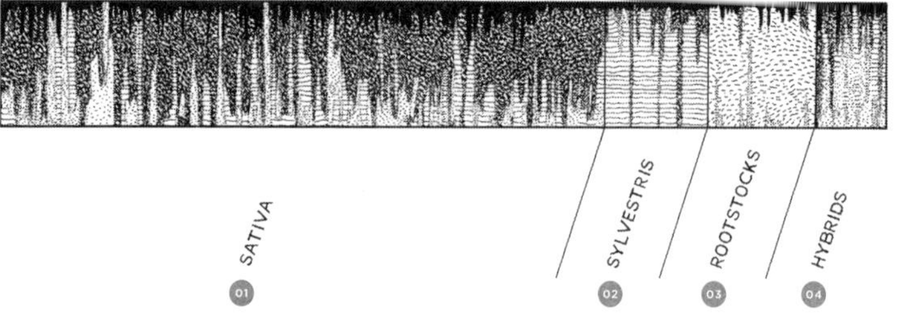

*

01 / SATIVA
栽培品种
02 / SYLVESTRIS
野生品种
03 / ROOTSTOCKS
砧木
04 / HYBRIDS
杂交品种

【图5.7】
对2273个酿酒葡萄品种进行结构法分析。不同的阴影代表分析中的不同种类。黑色代表栽培品种，长线代表野生品种，短线代表砧木，点状代表杂交品种。这一分析的K=6（或者6个祖先种群）。这是根据伊曼纽埃利（Emanuelli）等人的作品修改的。

对这些扩大到来自不同地区的多个葡萄品种进行结构法分析【图 5.7】。注意对酿酒葡萄（*Vitis Vinifera*）一个亚种进行种群归类是很难的，或者说在图中显示为多重阴影，在栽培亚种（*Sativa*）（用于酿造葡萄酒的亚种）和杂交品种中都是如此。砧木（用于嫁接的特定植物根）和野生亚种（*Sylvestris*）（野生葡萄亚种）的归置则更好描述。

这样的观察对于我们了解生物体种群结构来说是有趣和充满信息的，正如我们看到的，它们对于理解驯化大麦、酵母和啤酒花的起源至关重要。

6

水
Water

左边是我们最喜欢的皮尔森，来自与之同名的皮尔森镇，它因皮尔森镇水质细腻柔软而著名。右边是受皮尔森启发而制成的拉格，来自德国多特蒙德，那里的水质与特伦特河畔伯顿之外任何传统啤酒酿造城镇的一样硬。假设没有两种啤酒是完全一样的，我们是否可以探出水在两杯啤酒中的影响？这两种啤酒有天壤之别。来自皮尔森镇的颜色金黄，有麦芽香，略甜，而来自多特蒙德的颜色像钢铁一般，有啤酒花味，苦涩。但最终将这些巨大的不同归咎于水是不太合适的。多特蒙德位于德国北部，而皮尔森镇靠近巴伐利亚；两种啤酒的区别正是德国南北啤酒的区别。多特蒙德那瓶啤酒后面的商标写着，“皮尔森永远是皮尔森”。我们对此感到很好奇。

现在，酵母在啤酒酿造中的重要性已经人所共知，但啤酒的幕后英雄是水，它占到啤酒的 95%。所有皮尔森镇或特伦特河畔伯顿的自豪居民都会向你保证，水质对其所制的啤酒会产生巨大影响，虽然它通常很难与其他因素分离开来。

水是我们日常生活的必要组成部分。事实上，我们身体大约 75% 都是水。神奇的是，我们讲的是一个非常简单的分子 H_2O。它只有三个原子，一些大约与现在宇宙形成之初的大爆炸一样古老。大爆炸发生于大约 135 亿年前，不可想象的浓烈热度闪耀而过。在第二次大冷却开始的一小段时间中，氢分子和氦分子在大约 3 分钟内形成了。其他的元素后来出现，尽管水的另一个组成成分氧最近被发现也存在于另一个星球系统中，它距离富氧的地球有令人难以想象的 131 亿光年之远，表明第一个氧原子事实上形成于极早之前。但是水本身是到非常后期才出现的。

根据直到最近才被广泛接受的干旱地球理论，太阳系约 45 亿年前形成，几亿年后小行星爆炸，伴随着新形成的地球“扫除”停留在其轨道上的星球垃圾，水被带到了地球。但是对环绕太阳的小行星维斯塔（Vesta）的研究改变了这一看法。维斯塔上有水，与地球的构成相似，形成于同一时期，这意味着水在两个星球上同时形成。也就是说，水在我们星球和维斯塔上同时积聚，说明我们的星球从一开始就是潮湿的，而且一直如此。

但是，这并不代表用于酿造啤酒的水有 45 亿年那么古老。水是极易发生化学反应、善于溶解和结合其他化学物质及化合物的。由于易于发生反应，经测算，个体水分子的寿命约为 1 000 年，这是指水分子不与其他化合物发生反应而被分解的最长时间。

水也许是一个简单的分子，但其物理行为使它很特别。一个水分子由两个氢原子和一个氧原子组成。原子自己是由更小的颗粒

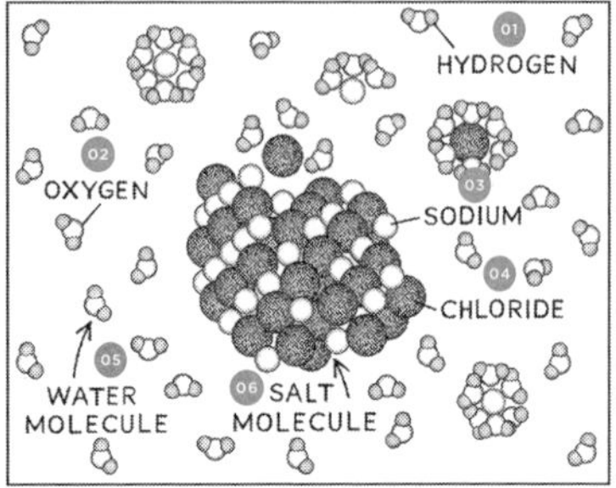

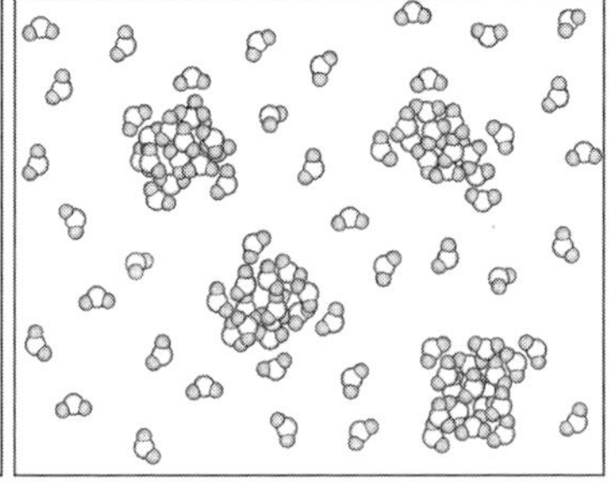

*

01 / HYDROGEN 氢
02 / OXYGEN 氧
03 / SODIUM 钠
04 / CHLORIDE 氯
05 / WATER MOLECULE 水分子
06 / SALT MOLECULE 盐分子

【图6.1】
溶解与溶化的区别。左图中，氯化钠（一种盐）将NaCl分子（聚集在图中间的深色大球和白色小球）拆散而使之溶于水，水分子包围自由的钠离子和氯离子。右图中，糖在溶化。糖分子没有被拆散，而是被水分子包围（有4团）。

组成的，包括没有电荷的中子、带正电荷的质子和带负电荷的电子。大自然母亲在电荷上是一个非常严厉的记录员，分子在电荷平衡时更为稳定。水是非常平衡的，在化学上来说是稳定的，因为水里的两个氢与一个氧原子共享电子，称为共价键。但是为了平衡，水分子有正电端和负电端，会与其他分子发生非常有趣的反应。

水易于发生反应的性质对于酿造者来说是其神秘属性的核心。一些金属与水会发生极为剧烈的反应。许多读者也许还记得高中化学课上金属钾与水之间发生的放热反应实验。这种实验存在爆炸风险，所以往往在室外进行，当然有其必要性。即使是钠也会与水发生相当剧烈的反应，在水的表面产生令人惊叹的火。在更温和的范围内，当它们浸没于水中时，许多分子（其中包括氯化钠NaCl和其他盐分）被拆散为其组成部分（钠和氯），并带有电荷。这些单一的带有电荷的分子被称为离子，包围它们的水分子会在被称为溶解的化学过程中将它们分解。像糖那样的小分子以及更长链的复杂分子，如碳水化合物，也会在水中溶化；但它们并没有被分解，而是分布在水的矩阵中。这种区别对于啤酒酿造者来说是重要的，因为它意味着水分子会与结构没有发生变化的糖分子形成非常薄弱的键——这在发酵过程中糖与酵母相互作用的时候至关重要。【图 6.1】显示了溶解和溶化的区别。

随着溶化和溶解的发生，地下水必然携带许多不同的离子，这对啤酒酿制者使啤酒溶液发酵后保持最优pH值来说有利也有害。pH 值很重要，因为不同的酶要分解谷物的不同成分，比如大麦通常在特殊的酸性环境下才能更好地分解。最后，水很重要，因为它的温度易于调控，而且分布均匀。难怪生物课本中通常将水称为生命的溶剂。

水极大地影响了啤酒的口感。这是因为它不可避免地含有比其简单基本分子多得多的化合物。因此，即使它只是弱酸性，任何自然水源——河流、湖泊、地下水——都会携带和融合溶解的钙、镁、钠、钾和其他离子。另外，由于其他化学成分——现在甚至包括荷尔蒙和抗生素——过滤进供水系统，大部分你碰到的水都是各种成分混杂的溶液。即使是使用活性炭设备进行净化的水也有许多化学物质。炭过滤可以轻松去除氯、苯酚、氢化硫以及其他具有挥发性和散发性的化合物，也可以去除小块的金属，如铁、水银和螯合铜。但使用炭净化的水仍含有相当数量的钠、氨和其他化学成分。

我们通常用软、硬或中性来描述水。水的硬度一般由其电荷为+2 的金属离子数量决定。硬水中最为普遍的这类离子是镁和钙。高硬的水有许多带正电荷的金属离子，使其 pH 值基本达到或超过 7。给定水量的硬度通常用百万分比浓度（ppm）来测量，而水中金属离子的浓度是用毫克 / 升（mg/L）来计算的。正如其名称，硬度和软度是主观的；但是 ppm 和 mg/L 的范围可以如【表 6.1】中那样分类。

【表6.1】

分类	百万分比浓度(ppm)	毫克/升(mg/L)
软	低于100	低于17.1
微硬	100～200	17.1～60
中硬	200～300	60～120
硬	300～400	120～180
高硬	高于400	高于180

各地的自来水各不相同，这使得酿酒地点至为关键。每种啤酒都在某一具体pH值表现得更好，即使在同一地区，也不是所有的市政水龙头或工业供水系统在全年都提供同等质量的水。酿酒用水的来源和质量对于想要制作的产品非常重要，许多著名的啤酒酿造城市正是因为当地用水的质量和持续性而成就名气。【图6.2】提供了两个国家的案例，展示全国各地水的硬度各有不同。

水的硬度可以通过水作为降雨时的经历来决定。来自湖泊或池塘的地表水通常总是非常软的。但是地下水在被抽到酿酒厂前

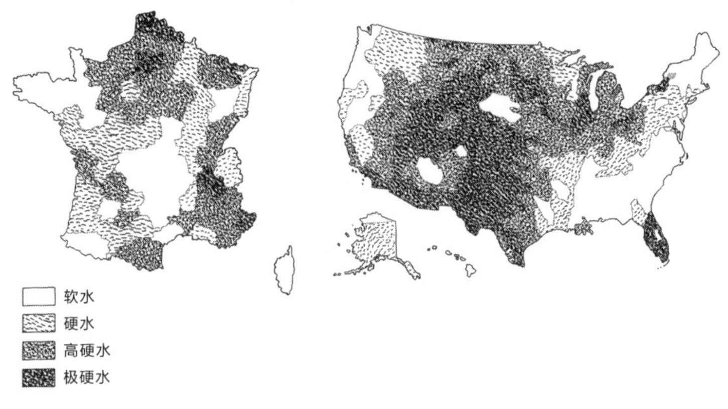

【图6.2】
地图上显示了法国和美国不同水硬度的主要地点。

【表6.2】

城市	水硬度(ppm)
特伦特河畔柏顿	330
多特蒙德	283
都柏林	122
杜塞尔多夫	104
爱丁堡	176
伦敦	94
慕尼黑	94
皮尔森	10
维也纳	260

穿越了岩石，这会让其携带许多矿物质，尤其是当它在地下流经的距离非常远时。比如，穿越了石灰石的水会带有相当数量的钙和镁。因此，当地地质对于建造酿酒厂的地点有巨大的影响。

世界伟大的啤酒酿造城市展现了这种不同。【表 6.2】展示了欧洲各个酿酒小镇的水的硬度。

一些水非常硬的城市是酿制烈性艾尔或世涛的中心。比如，特伦特河畔柏顿的水富含石膏，而这里也是酿造经久不衰的 IPA 的经典中心，这并非巧合。今天，其他硬水城市的酿造者们总是对水做软化处理，如果水只是“暂时硬化”，这极易办到，加入碳酸盐或碳酸氢盐把水煮开，就可以去除不需要的离子，它们将析出镁和钙。而另一方面，皮尔森可以代表水特别软的城市，那里正是清爽的皮尔森拉格起源的地方。

通常在选择啤酒厂址的时候，人们更愿意选择附近有较软水源的地方，因为使硬水软化比添加矿物质使软水硬化更难。一般来说，如果水源硬度远超 100 ppm，在不处理的情况下，只能酿造范围很窄的几种啤酒。人们通常添加 4 种化合物来使水变硬，以努力模仿某一啤酒所需的理想水质。通过添加硫酸钙（石膏）或是氯化钙可以使水变硬，以酿制较淡或中等烈度的艾尔；碳酸钙可以为酿制黑啤增加硬度；通常，添加镁可以模仿酿制一系列英国风格艾尔的水质。但在大多数情况下，当提到酿造啤酒时的水的硬度时，宁简勿繁，直到相对近期出现了水处理科学后，酿造者才能极大地摆脱当地地质带来的局限。

地球上的化合物可以以 3 种不同状态存在——气态、液态和固态——不同的状态取决于其温度和密度。水是较小温度范围内最多变的化合物，也是极少数可以在自然界中找到全部 3 种状态的物质。当液态水分子被不规则地紧密挤压，氢键连接在一起，重新将自己以格状结构规则排列时，水形成固态。水在固态时的密度比液态时小，这很奇怪：正如我们知道的那样，冰漂浮于水面之上。这是因为格状结构使水分子相互之间形成固定的距离，使冰比液态水的密度要小。而气态水则相反且更符合常理，其密度比液体形式小。当液态水被加热时，与水分子连接在一起的相对弱的氢键被打散。当它们断开时，水分子开始分离，相互推开，使得气态阶段水的密度更小，并形成蒸汽。

当我们谈论密度时，应该注意到在 22 ℃时，液态水的重量为每立方厘米 0.998 克（每加仑 8.33 磅）。当糖这样的化合物在水中溶化时，它的密度会增加。但是密度在这里意味着什么？这一术语最简单的定义是在某一给定数量的物体中含有多少物质。当提到分子时，这一定义为化合物中分子紧密排列的程度。分子排列更紧密的物体密度更大，这是气态水比液态或固态水更轻的原因（密度更低）。

密度的衍生概念比重，在啤酒酿造中极为重要。专业地说，比重指溶液物质的质量除以同等数量的水的质量。这意味着，任何给定数量的水的比重从概念上来说是 1.0。由于比重不可以用克、磅或毫米来描述，使用其来描述液体时用的是“点”。液体比重的点值相当于比重减去 1.0，再乘以 1 000。所以如果某一液体的比重为 1.066，其点值为 1.066 减去 1.000，再乘以 1 000，也就是 66.6。每添加 1% 碳酸盐溶液，某一液体的比重点值就增加 4。因此，如果碳酸盐占混合溶液的 20%，其点值将增加约 80。

因此，啤酒中的碳水化合物 / 糖会增加其比重，这种增加等于发酵过程中糖的总量。所以，比重可以用来计算酒精含量。在发酵之前（我们会在第 10 章详细讨论），啤酒溶液（这一阶段被称为发酵液）的比重被称为原始比重（OG）。发酵停止后溶液的比重被称为最终比重（FG）。水是神奇的溶液，它不仅会吸收像碳水化合物和小块糖这样的添加物，还有其他影响 OG 的化合物。

当啤酒溶液发酵，糖被转化为酒精，溶液比重上升，因为酒精比糖的密度要小。整个溶液因此比发酵开始时密度小。FG 会比 OG 小，比重的下降量会告诉我们产生了多少酒精。由于比重包括了溶液中溶化的碳水化合物（糖）及其他化合物的影响，比重的前后数值无法告诉我们精确的酒精转变量，但它们通常是非常准确的。

大部分啤酒可以通过其 OG 到 FG 的范围来确定特征，就如【图 6.3】里显示的那样。一些啤酒（烈啤）开始时的 OG 相当高。它们包括双料博克、冰馏博克、烈性苏格兰艾尔、俄罗斯帝国世涛、比利时烈性艾尔和大麦啤酒，它们的 OG 范围为 1.080~1.120，也就是 80~120 点。只有一些啤酒的 OG 少于 1.040（40 点）；它们包

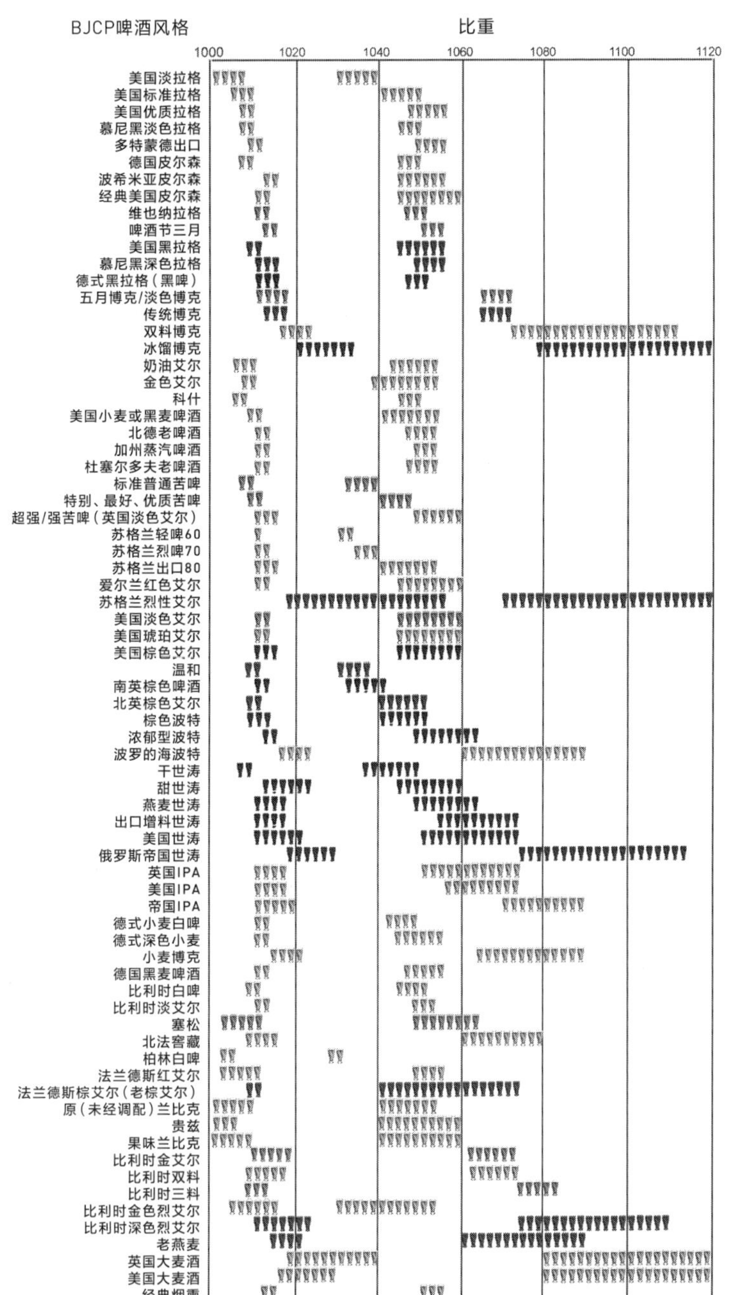

【图6.3】
不同啤酒种类（
品酒师资格认
划，BJCP）从原
重（OG）到最后
（FG）的范围。共
种范围，由小啤
标记。左边的范
FG，右边的是OG
同阴影的深浅代
啤酒类型酿造的
色度。

括标准普通啤酒、美国淡拉格、苏格兰淡啤、苏格兰烈啤、苏格兰黄啤、苏格兰（英国）棕啤和柏林白啤。大部分啤酒的 OG 范围为 1.040~1.060。

放到水里的物体，其质量会发生一些奇怪的变化。希腊哲学家和数学家阿基米德被认为是最早意识到这一点的人之一。暴君希罗二世委托阿基米德去调查他的金匠是否在制作其某个王冠时用银子替代了金子。据说阿基米德是坐在浴缸里想到了应该如何判断，他发现自己的身体浸入水中时替代了相同量的水。

记者大卫·比埃罗（David Biello）仔细研究了这个伟大的故事，得出的结论是，尽管阿基米德很有可能确实证实了金匠在欺骗希罗二世，大部分故事的细节——包括有此发现后，学者跳出浴缸，裸身跑到街上，大喊“我发现了！”——很可能不是真的。不管如何，阿基米德的浮力原理是完美成立的，它被证明是酿酒者的福音。人们在酿制啤酒和葡萄酒时用它来测量发酵前后的具体比重，它简单地表明，被放入水中的物体会遇到阻力（浮力），相当于其浸入后取代的水的质量。也就是说，任何浮于水面的东西，有一个等于其质量的浮力。我们做这样的想象：在一个高杯容器中放入液体。让我们假设这一液体是水（密度为 1 克 / 立方厘米）。现在让我们拿一个横截面积为 1 平方厘米、质量为 10 克的圆柱体。如果我们把圆柱体放到装水的容器中，它会取代 10 克的水，下沉相应的量。由于圆柱体的横截面积为 1 平方厘米，如果它与水的密度相同，它会准确地下沉 10 厘米（1 平方厘米乘以 10 厘米等于 10 立方厘米）。如果下沉的圆柱体可以平衡地立在水中，我们可以很容易地用刻在一旁的厘米刻度来测出它下沉的深度。

阿基米德通过比较伪造王冠和国王想要的王冠取代水的重量，确定了希罗二世对其金匠的怀疑。他发现金子的取代量高于王冠，所以推断出王冠不是纯金。将背景改变一下，我们可以用阿基米德

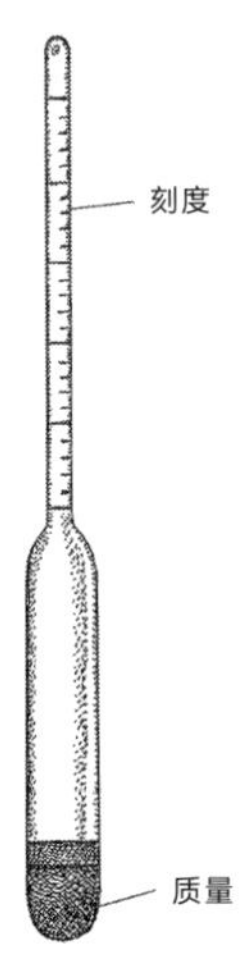

【图6.4】
这是一个典型的液体比重器。

的原理来决定相同物体在不同密度溶液中取代量的变化。所以想象上面描述的圆柱体沉于每立方厘米质量为 0.95 克的溶液。圆柱体仍重 10 克，它会下沉，直到取代了新溶液的 10 克。但是这次的取代距离不会是 10 厘米，因为溶液的密度只有 0.95 克 / 立方厘米。具体来说，圆柱体下沉量会是 10 厘米除以 0.95 克 / 立方厘米，也就是 10.53 厘米。圆柱体会下沉更多，因为溶液密度更小。

现在想象我们测量的第一种溶液是发酵前的发酵液，第二种是发酵后的同一溶液。发酵前，溶液中糖分更多，它的密度比发酵后糖转化为酒精时要高。我们需要做的就是做一个适合这一测试的圆柱体，这样就有一个可以测量发酵后溶液中酒精含量的工具。这一设备被称为液体比重计，它并不是阿基米德发明的，而是比他晚 4 个世纪的后继者西兰尼的西奈西乌斯。【图 6.4】展示了一个典型的液体比重计。下面的球体含有某一固定质量，以克计算，它是沉入到溶液中的部分。液体比重计上部的刻度可以显示圆柱体下沉的深度，这可以从溶液表面（弯月面）与刻度交汇处读出。我们将在第 10 章仔细看看发酵前后的测量如何被用于计算酒精含量。

7

大麦
Barley

来自圣雷米圣母修道院的 3 种啤酒被倒进 3 个同样的杯子，从左到右被称为 6、8、10 号。它们的酒精含量分别是 7.5%、9.2% 和 11.3%ABV，酒精来自逐渐增加的烤制大麦麦芽和硬红糖。颜色从金黄色、黑褐色到深棕，10 号几乎完全是黑色。口感就像从白天到黑夜，6 号轻淡丝滑，8 号醇香柔甜，而 10 号有浓厚的、深深的焦糖味。奇怪的是，我们很难分辨出各杯中酒精含量的差别——除非我们站起来。

只要人们培育了谷物，啤酒就十分有可能出现——这是非常漫长的一段时间。对有23 000年历史的燧石器皿进行显微镜检测发现，在以色列的奥哈罗二号遗址有奇怪的摩擦痕迹，它只有在尖锐石锋被嵌入把手，用于切割硅质谷茎时才会形成。令人震惊的是，它出现在最后一个冰河时代结束前的一万多年前，远早于定居生活的开始、动植物在近东的驯化。这也许意味着在人类想出碾压或锤打植物原料以产生口感更好、更甜的食物后不久，啤酒或像啤酒的饮品就出现了——这一操作甚至远早于奥哈罗二号的考古记录。甚至有人指出，这些饮品也许来自更早的时代，因为咀嚼谷物（现在酿制安第斯吉开酒时仍这样做）时会加入唾液酶，使淀粉转化为糖，用以发酵。在这一基础上，人们认为啤酒也许在我们这一种群开始以现代方式生活时，就以某种方式酿制出来了，也就是约10万年前。

许多谷物，包括大米、小米、粟、玉米和高粱，在世界不同地区被用来酿造啤酒，它们都可以制作麦芽。但是酿造大部分人饮用的西式啤酒，使用的关键谷物是大麦。这并不只是历史巧合：大麦有一种也许可以被称为酶工具盒的东西，使大麦成为啤酒酿造的完美组成部分。

正像大部分草本植物一样，大麦的结构相当简单。【图7.1】展示了从根到穗的一整株植物。对于酿造者来说，穗是大麦植株的重要部分，因为大麦种子在这儿。穗的结构在大麦不同种类之间区别很大，那些不同的结构与酿造啤酒密切相关。穗在它们所承载的麦粒棱数上有所不同，是2的倍数：2、4或6。从本能上来说可能是越多越好，但6并不一定是人们所更希望的棱数。事实上，欧洲酿造者们总体上更倾向于使用二棱大麦。重要的是，六棱和四棱大麦在酶构成上与二棱不同，我们接下来就要来谈论这个问题。

大麦种子是分层的，这一特性对于理解它为何是较佳的啤酒酿造谷物非常关键。【图7.1】中标为糊粉层的一小片种子组织对于

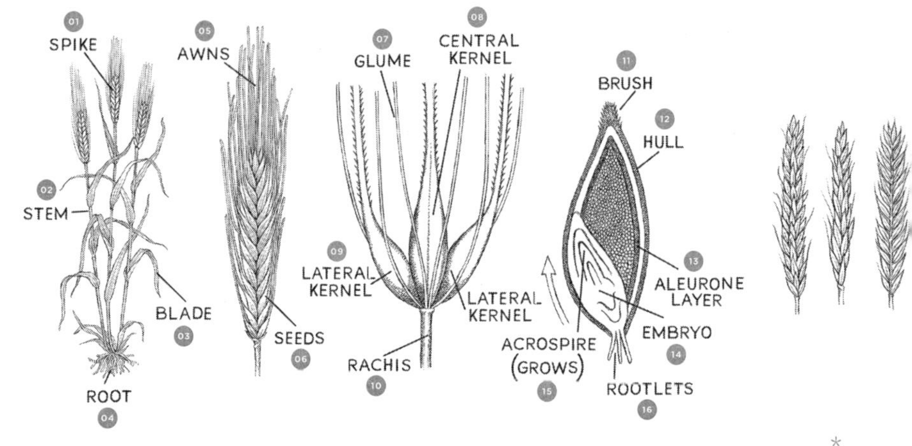

【图7.1】
从左到右：整个大麦植株；穗的近景；大麦粒的细节；大麦种子的横切面；六棱、四棱和二棱大麦穗。麦穗的不同来自穗的扭曲程度，它决定了每棱麦粒的数量。六棱大麦扭曲了三分之二；四棱扭曲了一半，而二棱完全没有扭曲，所有麦粒都对称直立，每边有一棱。

01 / SPIKE 穗
02 / STEM 茎
03 / BLADE 叶
04 / ROOT 根
05 / AWNS 芒
06 / SEEDS 种子
07 / GLUME 颖壳
08 / CENTRAL KERNEL 中麦粒
09 / LATERAL KERNEL 边麦粒
10 / RACHIS 叶轴
11 / BRUSH 刷
12 / HULL 壳
13 / ALEURONE LAYER 糊粉层
14 / EMBRYO 胚胎
15 / ACROSPIRE (GROWS) 旋状幼芽(生长)
16 / ROOTLETS 小根

酿造至关重要。在大麦植株正常的生命周期中，种子胚乳大量储藏淀粉，以助力种子发芽。在其原始形式时，这一淀粉并不直接用于种子的生长，但糊粉层储藏有酶，在种子开始发芽时会释放。这些酶很快就会打破胚乳边界，将胚乳内部的淀粉颗粒暴露给其他糊粉酶，后者会将它们分解成糖，主要是麦芽糖（见第 10 章）。

尽管其他谷物的种子中也含有糊粉层，但没有像大麦那样能打破胚乳并将淀粉转化为糖的能力。相应的，酿造者以大米或小麦做主要原料来酿制啤酒时，通常会加入一些大麦。通过发芽使糖离开大麦种子的过程被称为制作麦芽，而麦芽制作者通过操纵自然系统使大麦种子发芽停滞，直到他们想制作麦芽。那时，发芽被人工催化（见第 10 章）。

六棱、四棱和二棱大麦品种的种子排序以其穗的扭曲程度来决定。这一扭曲程度决定了每棱谷粒的数量。两棱大麦完全不扭曲，所以所有的谷粒是对称和垂直的，每棱一边。六棱扭曲三分之二，四棱扭曲一半【见图 7.1】。

美国之外的大部分啤酒是使用二棱大麦酿制的，而新世界的酿造者们倾向于使用六棱大麦。这里涉及口感问题，因为这两种大麦有不同的风味。大麦可以在春天和秋天播种，不同之处在于，冬麦需要一个被称为春化处理的过程（基本上是冷暴露），以促进其在晚秋开花。如果没有春化处理，冬天的植物不能结穗。大部分驯化大麦品种（被称为地方品种）的春收要比冬收好，直到 20 世纪 60 年代，大部分欧洲的麦芽制作都使用二棱春麦。

事实上，大麦驯化品种有几千个。《大麦种质异地保护和使用全球战略》（*Global Strategy for the Ex-Situ Conservation and Use of Barley Germ Plasm*）列出了这些品种，以及全球各地许多野生大麦品种。在国际粮食和农业植物遗传资源国际条约（ITPGRFA）建立的野生和驯化地方品种大麦新增项目收集中，所有品种都得以呈现。这一条约管理这些品种在全球 50 多个机构里的记录和安排。新增项目的品种总数现在达到 40 万左右。最大及最全的收藏是位于萨斯克彻温省萨斯卡通市的加拿大植物基因资源中心（PGRC）。

大麦种植者们在过去的一两个世纪里留下了良好的培育记录，所以许多驯化品种的谱系是为人熟知的。罗兰·冯博特曼（Roland Von Bothmer）、西奥·范欣特姆（Theo Van Hintum）、赫尔穆特·纳弗（Helmut Knupffer）和佐藤光弘在《大麦的多元性》（*Diversity in Barley*）一书对此有所总结。大麦驯化品种大约有 3.6 万个新增项目，其中 25 291 个有谱系信息。【图 7.2】中的地图展示了这些驯化品种种植的区域，以及所藏野生品种的地理来源（大约有 1.2 万

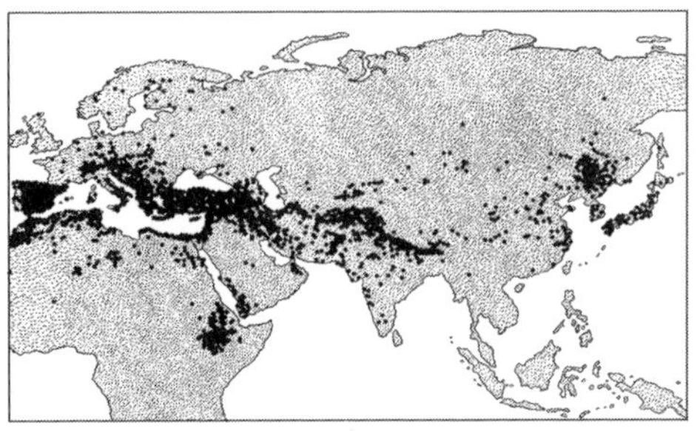
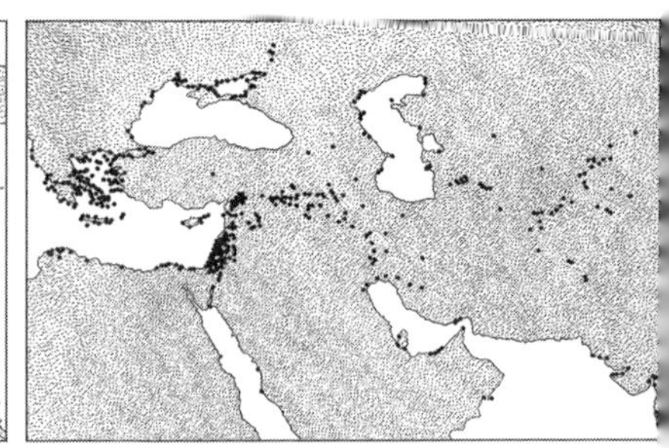

【图7.2】
地图显示所藏大麦驯化品种（左）和所藏野生大麦新增项目（右）的地理来源。每个黑点代表着一个新增项目。根据《大麦种质异地保护和使用全球战略》报告改编。

个新增项目）。由于西半球的驯化品种来自欧洲和亚洲，这部分地图中并没有显示。

不是所有新增项目的品种都用于酿造，许多只用在畜牧饲料生产上。但现代麦芽制作者和啤酒酿造者们使用了它们中的许多种类，每年美国麦芽大麦协会（AMBA）都会告知麦芽制作者们，哪些品种将是年度最佳品种。在欧洲，欧洲麦芽（Euromalt）是大麦品种和麦芽的信交所；而在澳大利亚，麦芽澳大利亚（Malt Australia，MA）提供同样的服务。各国协会的推荐有所不同。比如，在2017年，MA认可了27个地方品种，主要包括巴斯（Bass）、宝黛（Baudin）、大将军（Commander）、福林德斯（Flinders）、拉托贝（La Trobe）和威斯敏斯特（Westminster）。像欧洲一样，澳大利亚主要关注用于制作麦芽和酿造啤酒的二棱大麦品种。在美国，AMBA列出了2017年认可的28种地方品种，包括二棱和六棱品种。在六棱大麦中，传统（Tradition）和莱西（Lacey）似乎是2017年的大热品种，而需求最高并被AMBA认可的二棱地方品种是ABI远航者（ABI Voyager）、AC麦特卡夫（AC Metcalfe）、霍凯特（Hockett）和摩拉维亚69（Moravian 69）。

大米、大麦、玉米和小麦在基础解剖结构上非常相似。毕竟，它们都是草本植物，又密切相关。草本植物是单子叶植物，是植物谱系两大主要分支之一的成员。在植物成长过程中，植物胚胎中一个被称为子叶的区域发展成植物的第一批叶子。单子叶植物是只有一个这样的子叶区域的显花植物（而另一类伟大显花植物谱系成员双子叶植物有两个）。单子叶植物很广泛，除了草以外，还包括百合、棕榈、郁金香、洋葱、龙舌兰、香蕉和其他更多的主要种群。与草、香茅草、莎草和凤梨一样，像大麦、玉米、小麦和燕麦这样的谷物属于单子叶植物的分支禾本科。

禾本科又可以被进一步分为四十多个属，包括玉米、大麦、大米和草坪草等。这些草本植物都是禾本科的成员，在这个家族里，大麦属于大麦属。根据不同的专家，大麦属包括十到三十多个种。大麦属（Hordeum）这个词来自拉丁语 *horreo*，意思是“刚毛”，指的是尖尖的麦穗，被用于酿造大部分啤酒的大麦来自普通大麦（*H.vulgare*）这个种；*vulgare* 也是拉丁语，意为“普通的”。小麦和大米也常被用于酿造啤酒，它们同样来自禾本科，学名分别为普通小麦（*Triticum aestivum*）和稻（*Oryza Sativa*）。

2015 年，乔纳森·布拉萨克（Jonathan Brassac）和弗雷德·布拉特纳（Fred Blattner）通过基因组层的 DNA 序列数据来观察三十多种大麦种属如何相互关联。普通大麦和另两个品种球茎大麦（*H. Bulbosum*）及灰毛大麦（*H. murinum*）明显形成了一个组，与其他约三十种禾本科属非常不同。这证实了将这些种类一起放在其亚属的传统形态分组方式。但是对其中一个实体仍表示怀疑，一些分类学家认为应单独将其定义为一个属，另一些则认为它只是某一亚属。这（用亚属的名字称呼）就是普通野生大麦（*H. Vulgare spontaneum*）被视为普通大麦所有驯化地方品种的野生对应品种。对这一野生大麦——我们所知的与地方品种共同祖先最接近的——是否是独立种群，或与所有驯化品种是否属于同一种群，还没有定论。

由于大麦属的地方品种经历了被植物栽培者们称为“驯化综合征”的阶段，我们期待某些驯化品种的一些属性会与其对应野生品种不同。事实证明，大麦地方品种的麦穗没有野生品种那么易碎，野生大麦穗的易碎有助于其在自然条件下散播种子。但人类大麦种植者的计算不同于此：你不希望种子在收获的时候掉落；古代的大麦种植者会选择那些在收获时拥有非常强壮、可以使麦粒集聚的麦穗的植株，这似乎鼓励了基因工程的基本方式。

现在，我们显然要问的问题是：“大麦地方品种来自哪里？”在思考出来之前，你得知道大麦是一次驯化的，还是在不同情况下用多个野生品种驯化的。一些研究已经观察了野生大麦和驯化地方品种的种群结构，可以回答这一问题。

大麦基因学家试图通过设立“野生大麦多样性收藏”（WBDC）来使野生大麦标准化。这一收藏由 318 个野生大麦品种组成（新增品种），它们之所以被选择，是因为它们可以代表非地方品种最广泛的、可能的排列，以及尽可能多地代表大麦成长的生态多样性。大部分新增品种来自近东的新月沃地，大部分科学家认为那里是大麦最先被驯化的地方，但也有一些来自中亚、北美和黑海与里海之间的高加索地区。可以用来比较的相对应的大麦地方品种收藏来自国际干旱地区农业研究国际中心（ICARDA），它有 304 个世界新增品种。一些研究仅使用这一收藏，但其他研究还会包括更广泛的驯化品种样本，以涵盖尽可能多的地理和基因多样性。

为了使这些品种的基因组分析更为容易，研究者们使用了大麦植株的某种繁殖特性。大麦和其他谷物的个体可以自我繁殖，事实上这是最佳的繁殖方式。它们偶尔与其他个体交配，但更倾向于自我繁殖。这种自我繁殖模式有一点——这种说法不是完全准确的——像自我克隆。这使追踪其遗传并重构其起源，比像我们人类这样的有性繁殖物种要容易一些——众所周知，性别使一切变得复杂。要使大麦研究尽可能地简单，使用的新增品种必须在收获和加工前进行 3 次自我繁殖。

研究者们研究了大麦属里不同品种的基因组成。乔安妮·拉塞尔（Joanne Russel）、马丁·马谢（Martin Mascher）及其同事们使

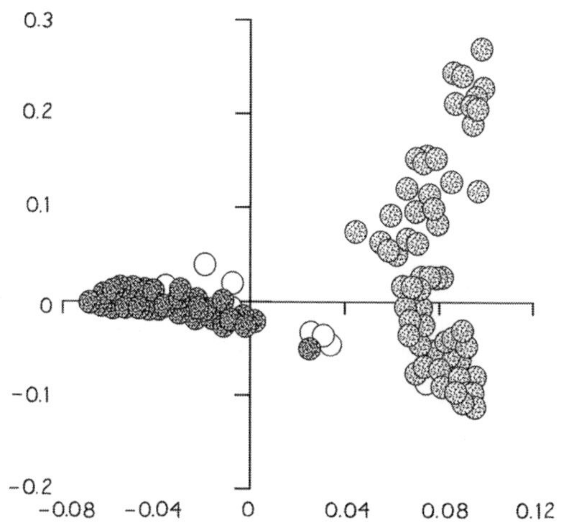

【图7.3】
普通大麦地方品种（黑圈）和野生二棱大麦（灰圈）的主成分分析。每个点代表着研究中250多个个体中的一个。没有颜色的圈是最初被定义为野生二棱大麦的品种，但似乎与驯化的地方品种更为接近。X轴代表着解释数据最高比例的序列，Y轴代表着解释第二大的变化数量。两轴之间的数据是随意的。根据拉塞尔等（2016）改编。

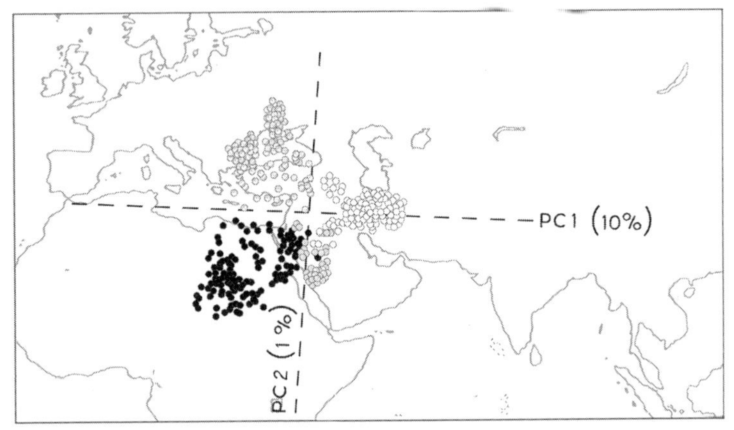

【图7.4】
大麦地方品种（左）和野生大麦（右）的主成分分析。这一PCA使用了803个地方品种，与地方品种被发现的地区地图重叠，并假定有4个组群（根据波特兹等改编，2015）。圈内的不同阴影代表了4个不同的假设组群：分别来自中欧、地中海沿海区域、东非、亚洲。

用了一种叫作全外显子组测序的技术来研究大麦地方品种。这一技术从编码蛋白质的基因组区域获得基因组序列。在每个这种基因组调查中都有几百万个数据点，搞清楚所有的数据是信息学的大问题，我们在第 5 章里探讨过现有的解决方案。

【图 7.3】显示了对 250 多个普通大麦地方品种和野生二棱大麦（*H.v. spontaneum*）的主成分分析。在这一分析中，所有地方品种相互之间比其与野生品种（*H.v.spontaneum*）之间要更相似些。尽管这一研究方法有许多问题，【见图 7.3】仍向我们提供了个体地方品种和野生品种之间的关联性——或者至少，提供了思考这些品种相互关系的新方式。

安娜·波埃兹（Ana Poets）、周方（Zhou Fang，音译）、迈克尔·克莱格（Michael Clegg）和彼得·莫雷尔（Peter Morrell）检测了更大规模的大麦地方品种收藏（803 个），以确定地方品种中是否有任何组群。他们发现了许多，主要有 6 个组群【见图 7.4】。更令人惊

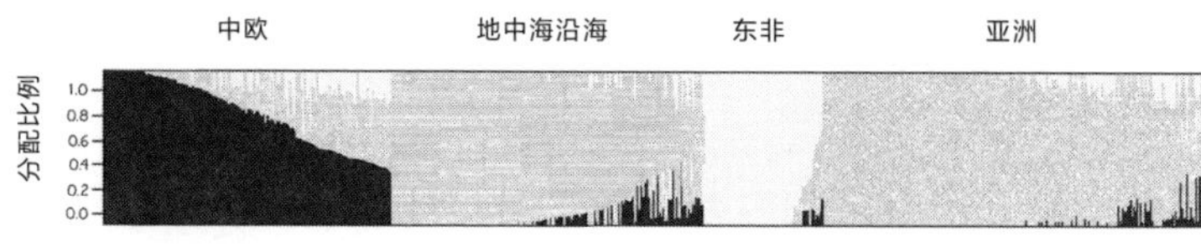

【图7.5】
803个大麦地方品种的结构分析，其中K=4。有与图7.4PCA分析中相同的4个组群：分别来自中欧、地中海沿海、东非和亚洲。

奇的是，这些组群所在的二维空间与地方品种被发现地区的地图重合。比如，【图 7.5】中下部，聚集在一起的深灰色地方品种来自新月沃土，而浅灰色品种发现于中亚。

这些研究很有趣，因为它们表明地方品种倾向于坚守某个地理区域。正如波埃兹和她的同事们所说："尽管大麦品种在驯化之后经历了大规模的人类迁移和混交，个体地方品种基因组显示，它们与地理上相近的野生大麦种群有共同的祖先。"

这些研究还可以帮助我们测算大麦地方品种和野生品种组群或种群的数量。野生大麦和地方品种的数量从 4 到 10 不等。组群的数量之所以有一点模糊，是因为用主成分分析确定组群的数量是非常主观的。你自己可以用【图 7.4】中的地图数据来试一试。忽略不同的阴影，试图在你认为是组群的地方画圈。一些读者也许会在图中标出超过 10 个圈，或者仅有两个圈。

正如我们在第 5 章看到的，结构点可以详细地描绘数据组中的组群或种群。我们将在这里讨论其中两个。第一个来自波埃兹和她的同事的研究【见图 7.5】。他们将 K 设置为 4（也就是说，有 4 个祖先种群——中欧、地中海沿海、东非和亚洲）。这一方法显示了 4 个种群，但你会注意到这里存在许多不确定性，图中一些个体间缺失的阴影表明了这一点。这说明，尽管看起来存在 4 个结构种群，但地方品种会大规模地混合。

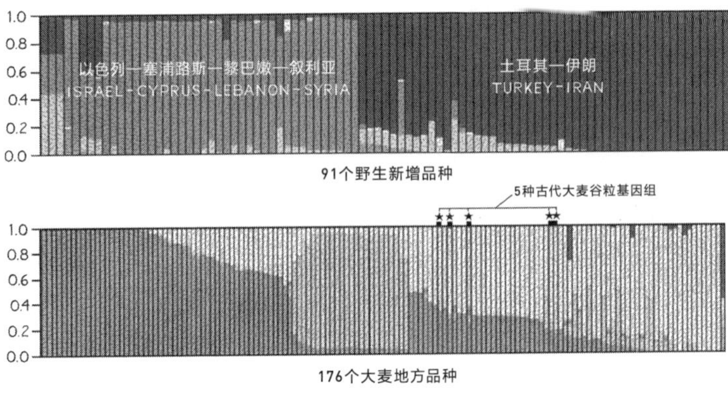

【图7.6】

上：拉塞尔等人的研究中对91个野生新增品种进行了结构法分析。祖先种群的数目设置为*K*=5，不同阴影反映了分析中的个体被分配到这5个组群的情况。有两组很容易辨别的组群。下：176个大麦地方品种的结构分析，使用*K*=5的祖先种群数量。条形中的阴影与上图一样，代表着相同的祖先种群。星星代表着5种古老大麦谷粒基因组。根据拉塞尔等（2016）和马谢等（2016）改编。

第二项研究由乔安妮·拉塞尔、马丁·马谢及其同事们进行，包括近东新月沃土的 91 个野生和 176 个地方品种。科学家们将其分析的地理范围变窄，因为他们主要关注 5 个特别新增品种的遗传问题。他们将地方品种个体与野生新增品种分开，将祖先种群的数量设置为 5（*K*=5）。野生新增品种被分配到这 5 个祖先种群中。野生品种落入两个可辨识的组群中，意味着它们来自两个明确的祖先种群【见图 7.6】。两个组群间的地理断裂似乎是在主要来自以色列、塞浦路斯、黎巴嫩及叙利亚的一组以及来自土耳其和伊朗的另一组新增品种之间。

一旦研究者们获得了野生品种的细致情况，就会开始分析【图 7.6】中展示的地方品种。这幅图清晰地展示出野生新增品种与驯化地方品种的不同。拉塞尔、马谢及其同事们认为，有 3 个组群从视觉上也许并没有那么容易被辨出，其中野生种群的变异很少，但分析告诉我们，这一区域的大麦地方品种至少有 3 种祖先模式。此前提到的 5 个特别新增品种也被包括在这一分析中。它们是极为特殊的，因为它们距今 6 000 年之久，发现于以色列，被认为是人类当时使用的驯化品种。它们似乎与现代地方品种非常相似。更具体来说，这些驯化品种与以色列和埃及的现代地方品种相当接近。这一结果完全证实了大麦驯化是从上约旦谷开始的想法。对这 5 个样本的祖先成分（【图 7.6】中以黑色标出）进行仔细检测，证实了今天的以色列地方品种在 6 000 年里并没有改变太多，尽管它们有时会与野生品种杂交。

基因组信息很丰富，不仅展示了大麦的祖先，也展示了与驯化相关的基因。我们已经讨论了区别野生新增品种和地方品种的主要外在不同——易碎的穗。但在过去一万年里，大麦培育者当然还选择了其他特性。事实上，罗塞尔、马谢及其同事使用他们的数据组来确定过去，乃至未来选择地方品种的基因类型。他们的研究显示，过去几千年驯化选择的特征包括开花的时间，以及对气候和干旱做出反应的高度。这两种特征在驯化大麦适应其国内环境时都非常重要。但是正如科学家们指出的，仍有许多还没发现的因素。更多的基因工作将帮助我们找出它们是什么。

那么，“易碎麦穗”是否是驯化过程中最重要的基因变化呢？事实证明易碎叶轴特征受非常简单的基因控制。有两个相关的基因 *Btr*1 和 *Btr*2，它们编码的蛋白质能够相互作用。当这两个蛋白质适当相互作用后，叶轴就易碎；但如果由于基因变异导致蛋白质作用异常，叶轴变强壮，那就不会碎裂。其他驯化的美国国内谷物，比如大米和小麦，也有强壮的叶轴，这里要提出的问题是：大米、小麦和大麦的培育者是否通过相同的基因道路选择了这些谷物的这一特性？穆罕默德·普可拉迪什（Mohammad Poukherandish）和小松田隆夫的研究证明，事实上大麦的易穗叶轴特征是非常独特的，这一结论回答了提出的问题：大米和小麦的系统并没有 *Btr*1 和 *Btr*2 的相互作用。很明显，不止一种办法可以让大米、小麦、大麦的叶轴的特征相同。这是进化生物中的共同主题，因此毫不奇怪，植物种植者们在使用人工选择时，使用了相同的理论。

在 2015 年做关于大麦生物的报告时，罗宾·G. 阿拉拜（Robin G. Allaby）的第一句话用 11 个字总结了大麦的驯化历史："大麦不来自任何单一地方。"这一敏锐的观察是重要的，因为大部分研究者长久以来认为，驯化应该是单一事件。阿拉拜指出，目前每个大麦单一地方品种都有 4 到 5 个野生新增品种祖先的残留基因，这阐释了我们对基因数据的解读。他提出了一个关键问题——在驯化模式中，大麦到底是个例外，还是它也代表了统一规则？结论是大麦也许非常好地展现了规则。驯化——大麦似乎基本是在新月沃土地区进行的——并不是个简单的过程。

过去，培育拥有农业最想要的特征的大麦地方品种是个试错事件。6 000 年前，大麦种植者对遗传学一无所知，但是他们很聪明，清楚地知道如何使自己的植物达到想要的效果。培育者们持续在两大主要属性间斗争：产出和质量。产出特征包括种子组的数量、每年可以多次繁殖的能力，或者如果去除了种子的易碎属性，能够更高效地收割。而质量特征是那些影响蛋白含量、油脂含量或其他与植物营养含量相关的显性因素。在 20 世纪，大麦培育者们仍然使用传统遗传学的知识，在繁重和劳动密集性过程中促进繁殖。由于基因技术的兴起及其便于广泛应用到各个地方品种的特性，使用更快捷和廉价的技能来培育大麦和其他谷物已经变得可能。

以基因为基础的植物培育会用到基因预测，它建立在对特性的预知能力上。基因预测可以对大量地方品种进行基因测序，并获得具有目标特性的丰富数据（比如种子大小、蛋白含量和蛋白产出）。在这之前，大麦种植试验规模庞大且费用高昂。现在，通过使用基因预测，大麦种植者可以更准确、更快、更便宜、更容易地培育出具有某种特性的大麦品种。一些这样的研究已经被用于评测那些在培育过程中具有十分重要的质量特性的大麦品种。

马尔特·舒密特（Malthe Schmidt）及其同事分析了春冬大麦12种发芽特点的预测能力。通过将这12种想要的出芽特性排序，他们认为冬麦更容易操作。另一个研究显示了基因残留在改变种子质量特性中的可行性。南娜·尼尔森（Nanna Nielsen）及其同事测试了种子重量、蛋白含量、蛋白产量和麦角固醇（通常被认为是对抗真菌和细菌的指标）等特点，显示遗传学可以预测出培育这些特性的项目的效力。尽管目前为时尚早，但基因方法已经开始显示其在改善大麦培育的效率、产量和质量上的能力。但是，大麦的未来很有可能会依赖一项更为前沿的技术：使用最新的CRISPR技术进行直接“基因编辑”，这一技术最近引起了极大的关注。不管未来如何，有一件事是确定的：分子生物学在改善麦芽制作者和啤酒酿造者的原材料方面，有很大的潜力。

8

酵母
Yeast

这个细长、闪亮的棕色瓶子没有标签，但是仔细观察瓶颈处突出的玻璃环，上面几乎看不清的字是“修道院啤酒”。棕色瓶盖则更为具体：“西弗莱特伦修道院12，10.2%。”手握一瓶世界上最具传奇性的啤酒，我们最初会感到震惊，但很快这种震惊就被敬畏所取代。它是由弗兰德斯圣希克斯修道院的修士们酿制的量很少，通常只秘密储存于神秘的修道院内部，瓶子里的液体被公认为“世界最佳啤酒”。它颜色深沉，有坚果味，还有生动的酵母味道（这被认为是含有极多的活性酵母）。最终，我们积攒了足够的勇气来打开瓶盖。世界最佳啤酒？在一个认为啤酒最令人愉悦之处只在于其独特品种的星球，这么称呼它是极为艰难的。我们只能说，瓶中美妙和谐的内容没让人失望。

每时每刻我们都畅游在微生物的海洋里。居住在我们身体里和身体表面的不同微生物种类约有 1 万种——是典型热带雨林植物种类数量的两到三倍，相当于我们星球所有鸟类的种类。而这只是“附着于”我们的微生物生命。无怪乎我们已逝的同事史蒂芬·J. 古尔德（Stephen J. Gould）宣称，从来没有一个恐龙时代或人类时代，我们实际上全部生活在微生物时代。

不是每个人身上都附着相同的微生物。你身体的每个区域拥有不同的微生物群落。这些小的单细胞生物属于三大组群或范畴之一：细菌、古生菌和真核生物。它们都来自将地球所有生命联结在一起的同一祖先，我们可以通过比较携带其繁殖模型（第 5 章）的基因组来确定这一点。细菌和古生菌是严格的单细胞生物体，其基因组没有核膜，而真核生物可以是单细胞，也可以是多细胞，有一个受保护的细胞核。正如人类一样，进入啤酒的大麦和啤酒花是多细胞真核生物。但是啤酒的第三个重要成分酵母，是单细胞真核生物。

酵母属于真核生物主要组群真菌，这一组群中也包括蘑菇。不管你是否相信，蘑菇并不是单一生物体，而是非常有组织的属于同一物种的单细胞生命聚居体。蘑菇的形式和拟态非常常见，这使它们相对容易分类。小酵母的结构没有特征，所以即便使用高倍显微镜也很难通过肉眼对其进行分类。尽管它形式简单，但是这种简单生物可以适应的生活方式种类惊人。还引发了大规模物种和进化模式。我们只需要观察日常生活，就可以证实这一结论。真菌是我们的常见食物，真菌也可以是我们最顽固和最不适疾病的来源，也是许多小型伤痛的来源，比如脚气。对于一些人来说，真菌甚至可能是思维拓展经历的来源：在 150 多种真菌中都发现了裸盖菇素，它因其致幻效果而著名。奇怪的是，所有真菌都更与动物，而非植物相关。当素食者吃蘑菇沙拉时，他们有可能被质疑违背初衷。

真菌有两大种类，还有一些不合群者不在这两类当中。大部分人可能更熟悉两大种类中的担子菌门（包括马勃菌、蘑菇和鬼笔菌等），但第二大种类子囊菌门，包含对于啤酒、面包和葡萄酒来说十分重要的物种。由杜克大学的赖塔斯·维尔加莱斯（Rytas Vilgalys）领衔的研究员大型协作组研究了 200 种真菌中较为知名的物种，以确定它们是否相互关联，他们用 DNA 序列信息构建了我们在第 14 章会详细谈到的谱系树。这棵树有幸确定了许多已经被认知的真菌关系，但也第一次明确了一些真菌新品种的位置。它显示了我们知道的有多微不足道：尽管目前有大约 10 万种被正式描述的真菌物种，一些研究者认为，我们的星球上可能存在 150 万 ~500 万种真菌物种。

尽管制作啤酒、面包和葡萄酒的主要角色是子囊菌门里的酿酒酵母（它们也被称为酿造者酵母），一些其他真菌也会以或好或坏的方式影响酿造。正如啤酒酿制的其他有机物成分（大麦和啤酒花）那样，对酵母基因或基因构成的了解在酿造科学的进步中越来越重要。传统方法和更近代出现的基因技术间仍存在拉锯战，但大部分酿造者对于使用基因给出的信息进行精酿持非常开放的态度。

酿酒酵母是第一批被基因测序的真核生物，那是在 1996 年。当全基因测序在 20 世纪 90 年代出现时，这一酵母品种明显是测序的候选者，一方面是因为其经济上的重要性，另一方面是因为其基因组较小（它有 1 200 万个碱基，而人类基因组有 30 亿个碱基）。我们估计它最初的测序也许耗费了进行这一项目的财团大约 1 000 万 ~ 2 500 万美元：数字如此巨大不仅是因为涉及许多未知因素，也因为当时第一代测序技术的笨重和昂贵。

因此，到 2005 年，只有几个酵母品种进行了全基因组变异检测。但是，现在不到一天的时间就可以测序 100 种酵母基因组，成本只是第一次测序的一小部分（可能每个基因组不到 100 美元）。发生这一剧烈变化有两个原因。第一，一旦生成了主要组群的基因组，它可以充当其他相关物种基因组的基础序列，或者参考。第二，测序已经进展到下一代测序，甚至是下下一代测序。要展示这种飞速发展，我们可以这样设想，20 世纪 80 年代的研究生可能用整篇论文来写单一物种的单一基因的测序。到 20 世纪 90 年代相似的研究计划可能要扩展到 10 万个碱基，以及几个物种。但是在 21 世纪第一个 10 年的学生可以轻松为 100 个左右的物种的几千万个碱基进行测序；到了第二个 10 年的中期，技术进步已经使这一数字扩展到上亿个碱基——如果还不能用 10 亿计算的话。今天，一个学生可以常规性地生成 300 亿个碱基的序列，仅一个学生就可以完成 20 世纪 80 年代和 90 年代所有基因论文做的工作，时间不到一秒，而且成本极低。

考虑到这些进步，研究者们分析了几千个酵母种类和物种，以发现哪种野生酵母与那些对于制作啤酒、面包和葡萄酒必需的酵母最为亲密。研究这个问题的科学家们将那些国内品种称为捕获酵母，酿酒酵母品种及其亲密亲戚集中化仓库的存在对其研究有所裨益。其中最大的仓库之一是位于英国诺里奇（Norwich）的食物资源机构，它包括四千多个品种。

涉及啤酒、面包和葡萄酒制作的酵母主要来自酿酒酵母科。这一科包括上千个种类。但是，正如前面所提到的，酿酒酵母是生产这些商品的必需品。酿酒酵母及其亲属的历史有趣而错综复杂。【图 8.1】显示了这些种类之间的关系，尽管看起来仍是在观察一个移动的目标，种类之间的杂交使情况更为复杂。一个没有在图中的特别种类是真贝酵母（*S.eubayanus*），它在低温中生长，与酿酒

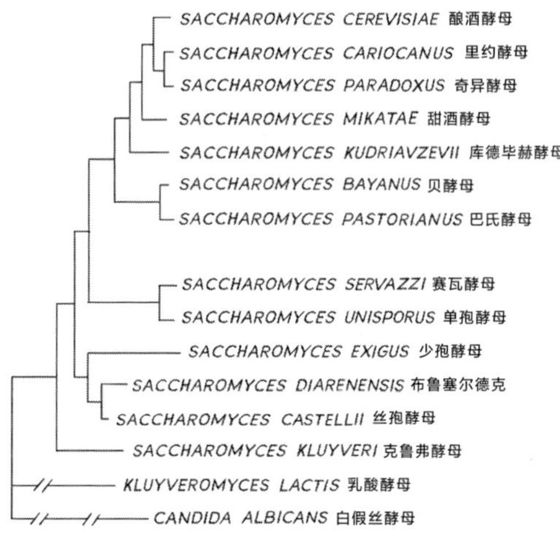

【图8.1】
酿酒酵母及其密切相关物种的进化树。分枝的长度与物种积累的变化成正比。根据克里夫顿（Cliften）等的作品修改（2003）。

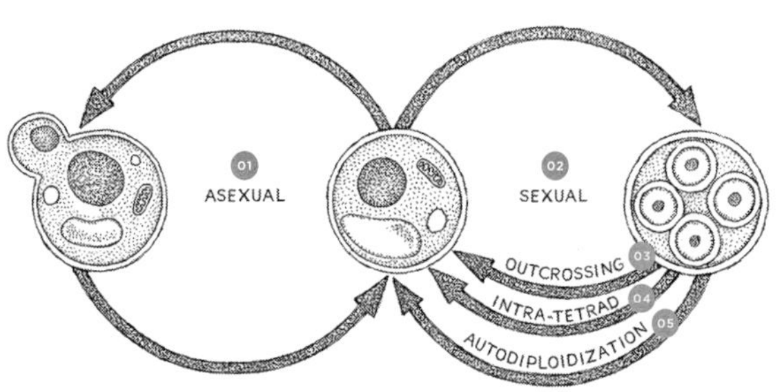

*

01 / ASEXUAL 无性
02 / SEXUAL 有性
03 / OUTCROSSING 异形杂交
04 / INTRA-TETRAD 内四分体
05 / AUTODIPLOIDIZATION 自二倍体化

【图8.2】
酵母的生命循环。当营养含量高时，位于中间的酵母细胞进行无性繁殖（左边的循环）。它生产出“搬运工”（最左），并分裂出一个姐妹酵母，后者进入其自己的循环。另一方面，如果营养含量不足，酵母细胞“决定”有性繁殖。其基因组会生产出配子或四分体（最右）。然后出现有性繁殖的几种选择，其中一种是四分体的一个细胞与另一个个体的四分体细胞相交。有性繁殖循环有着非常复杂的配对结构。

酵母一样，是酿造拉格使用的巴氏酵母的母系。注意这一组群中还有一种酵母被称为贝酵母。每当分类学家在已知物种前添加一个前缀，它意味着某些具体的东西，"eu"在这一分类背景下意味着"真"。但是贝氏酵母也用于酿制葡萄酒，它其实是酿酒酵母、葡萄汁酵母（*S.uvarum*）和真贝酵母三者的杂交品种。真贝酵母实际上在贝酵母被发现后才引人注意，这展示了酵母系统的混乱。只有现代基因学才能分解这一故事的复杂性。

在酿酒酵母的大部分生命里，它活得很佛系。但是有时它可能变得相当活跃。这种酵母的多元生活方式取决于繁殖时期酵母种群的愉悦程度。愉悦程度是指可以使用的营养成分的多少。【图 8.2】显示了出芽酵母的生活循环。当时机良好时，酵母就会无性繁殖；但当环境恶劣，周边营养成分不足时，啤酒酵母就会有性繁殖，生产孢子。这里我们回应了真菌更贴近我们而非植物的说法。植物可以利用光照和土壤营养成分来为其日常生活供给所需的能量。但是，像我们一样，真菌需要碳水化合物这样的营养成分，而缺少它就会迫使酿酒酵母的性战略发生变化。它不再从基因里分裂出相同的姐妹细胞（科学家们宠爱地称之为"搬运工"），而是生产单倍体孢子，相当于我们的性细胞，提供可以与其他酵母交换基因原料的机制【见图 8.2】——偶尔创造出一种杂交酵母。但是，通常它们周边有足够的营养成分，酿酒酵母在我们周围的存在也十分丰富——这一特性使物种成为科学家们青睐的研究对象，因为它很容易在实验室生长，对于理解蛋白的相互作用，以及这种物种如何被基因控制来说是非常有用的模型。

确定啤酒酵母祖先的实验方法很像大麦使用的方法（第 7 章）：搜索最亲近的野生品种和亚种。奇异酵母被选择担当这一角色，因为它明显逃离了捕获，并没有被改造为家用酵母。它因此可以被视为酿酒酵母如果没有被"捕获"的样子的模型。做出这一选择后，研究者检测了啤酒酵母品种和非啤酒酵母的地理种群结构，包括葡萄酒和清酒酵母、医用样本以及源于自然（比如从水果或树木分泌物中获取）的酵母。奇异酵母的种群结构非常清晰，在其品种被发现的地理区域有明显的基因组边界。结构分析显示出 4 种非常明显的种群：它们分别来自欧洲、东亚、北美和夏威夷。具体来说，欧洲、远东和美洲品种的判断有 100% 的确定性，而来自夏威夷的品种似乎是 80% 的夏威夷和 20% 的北美。非捕获酵母种群的清晰性主要是因为没有酵母生物学家和酿酒者的操控。

詹尼·利提（Gianni Liti）及其同事在检测了酿酒酵母 36 个品种的基因组后得出了非常不同的结论，这些品种包括葡萄酒酿制、医用和烘焙用酵母。他们发现，将个体分派到祖先品种中是非常困难的，尽管他们使用的大部分品种是葡萄酒酵母，并不与啤酒酿造极度相关，他们能够登记在案的是，清酒、葡萄酒和啤酒酵母有明显的不同，这暗示它们在最开始被用于饮品发酵时的储藏就是分开的。这也许表明，人类的聪明才智（或运气）导致了捕获酵母品种的不同案例。在 2016 年进行的一项规模庞大的研究中，酿酒酵母的 157 个发酵品种被检测，凯文·J. 弗斯特里彭（Kevin J. Verstrepen）及其同事更准确地确立了酿酒酵母的基因组。让我们来仔细看看这些捕获酵母品种的结构，并用第 5 章提到的基因组工具逐步分析数据告诉了我们什么。

首先，弗斯特里彭小组将 157 个品种进行从头测序，意味着他们使用了传统的基因测序方法，而非靶向测序。这一方法之所以有可能，是因为酵母基因组比较小，它使所有品种的基因组序列质量极高，因为每个品种 6.75 亿个碱基对的中线都可以被测序。回顾一下覆盖面的重要性，它是指被测序的基因组数量除以生物体单一基因组的大小。在这个案例中，我们可以用 6.75 亿除以 500 万，使每个品种大约有 68 倍的覆盖。这种程度的覆盖是令人信服的，确

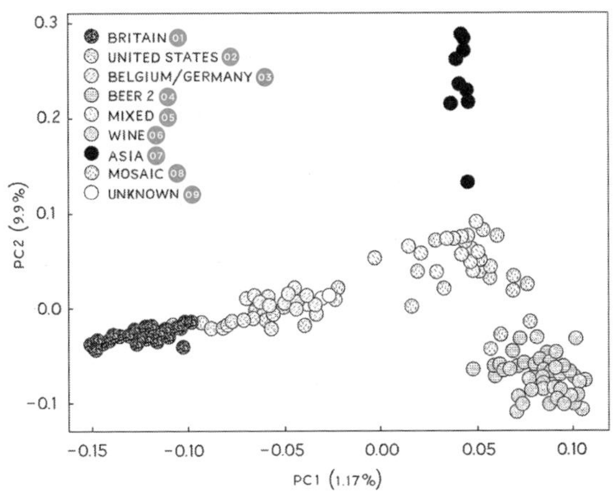

【图8.3】
梅尔、弗斯特里彭（Maere/Verstrepen）研究组酿酒酵母基因组数据的主成分分析。根据加隆（Gallone）等修改（2016）。

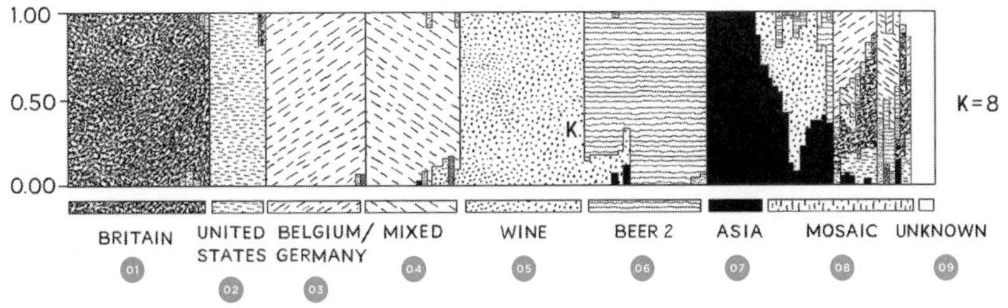

【图8.4】
157个酵母品种的结构分析。种群的关键位于图片的下方，并像【图8.3】一样标明了种群的起源。根据加隆等修改（2016）。

保数据组中几乎不存在任何序列错误。

我们理解这一庞大数据的第一个方法是使用主成分分析法来观察信息【见图 8.3】。用我们没有被训练过的眼睛，我们可以看出 4 个集群——也许有 5 个或 3 个，但 4 似乎是一个可以确定的好数字。注意点状代表大约 20% 的品种变异性，意味着还有许多信息被排除在分析之外。这一分析所实现的是将数以百计的范围缩为 2，使其更具可视性。这一分析很粗糙，但可以确定的是它显示出啤酒酵母在两个区域兴起。其中一个是品种的水平“条纹”，另一个是与葡萄酒酵母品种的集聚（图中右下角）。垂直条纹代表亚洲清酒酵母，我们已经知道它与其他酿酒酵母品种非常不同。

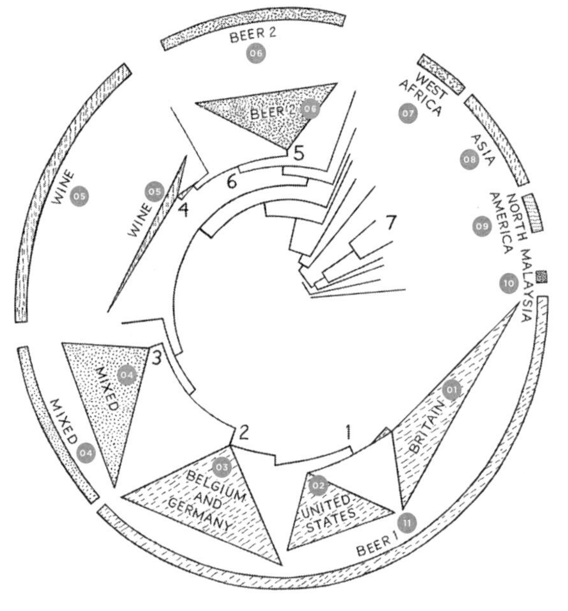

*

01 / BRITAIN 英国
02 / UNITED STATES 美国
03 / BELGIUM AND GERMANY 比利时和德国
04 / MIXED 混合
05 / WINE 葡萄酒
06 / BEER2 啤酒2
07/ WEST AFRICA 西非
08/ ASIA 亚洲
09 / NORTH AMERICA 北美
10 / MALAYSIA 马来西亚
11 / BEER1 啤酒1

【图8.5】

157个酵母品种的谱系树分析。节点数目在文中有所解释。分枝的长度和组别三角的深度代表着相关品种的变化数量。由加隆等（2016）确认的组别在图的外圈。根据加隆等人的研究（2016）修改。

在将结构设置为 8 个种群（K=8）后，种群的数量是最有可能使用数据测试的，更严格的酵母种类结构分析法得出了【图 8.4】。一些地理区域可以用非常具体的种群来定义，正如在图中看到的实块。奇怪的是，被标记为“啤酒 2”的啤酒酵母与葡萄酒酵母有些相似。啤酒 2 群有来自英国、美国、德国和东欧的酵母种类的奇异混合。混合的酵母种类似乎是独特的，但也有其他一些酵母种群的因素。马赛克品种命名非常恰当，因为它们似乎是分析中不同种群的大杂烩。

这些 K=8 的酵母的潜在等级关系并不是非常清晰。种群下方的数字倾向于将一些地理标识归纳起来，但观察这些潜在等级关系的最好办法是进行谱系树分析【见图 8.5】。注意一些野生酵母品种位于树的底端——通过定义，因为捕获酵母都来自野生酵母，树正是从它们那里生根。树的拓扑和其中许多工业品种的位置还表明，正如弗斯特里彭及其同事们观察的那样：“今天存在的几千种工业酵母似乎仅来自少数自己进入食物发酵的祖先品种，随后分别发展出独立的谱系，每一种都有其具体的工业应用。”

谱系树本身展示了啤酒酵母历史的一些重要方面。首先，它表明英国和比利时（德国）的啤酒酵母群共有一个祖先（见【图 8.5】中的节点 2）。这意味着在这两个欧洲区域使用的酵母被适度地与其他酵母分开存放。如果这种清晰的分隔并不是其祖先历史的一部分，就会有其他地理区域的祖先侵入谱系树中英国和比利时或德国部分。此外，它还显示美国酵母品种似乎与英国酵母品种更相近，图中它们连接起来，并排除了比利时（德国）酵母（节点 1）。混合酵母品种名副其实，因为所有混合品种祖先的出现（节点 3）导致了来自不同地理区域的过多品种，也包括面包酵母。考虑到葡萄酒酵母种群在谱系树中的位置，它并不完全单一，因为一些啤酒酵母和其他作物的酵母也处于同一群（节点 4）。啤酒 2 种群酵母由比利时、英国、美国、德国和东欧的混合组成，确实来自单一共同祖先（节点 5）。正如我们前面提到的那样，啤酒 2 种群酵母有些像葡萄酒酵母，而谱系树强烈地确认了这一点（节点 6）。最后，清酒酵母也源于单一祖先，其在树中的位置（节点 7）表明，它是所有其他工业酵母品种的祖先。

讲到这里，那些对酿造感兴趣的人应该在想，拉格酵母和艾尔酵母是什么情况。它们应该是非常不同的——从而处于谱系树的不同位置——因为众所周知，拉格酵母倾向于在发酵容器的底部来做大部分工作，而艾尔酵母是在上部发酵，在容器顶部会留下浓厚的残余。此外，也许更重要的是，艾尔酵母在接近室温时发挥得最好，而拉格酵母在冷得多的环境下才会如此。还有，乔安娜·伯劳斯卡（Joanna Berlowska）、多拉托·克雷格尔（Dorato Kregiel）和卡特兹娜·拉科斯卡（Katarzyna Rajkowska）在 2015 年明确表示，拉格酵母的基因和生理属性与艾尔酵母非常不同，因此我们认为它们应该处在相当分隔的位置。

在这里情况变得复杂起来。直到最近，所有拉格酵母被认为属于卡尔酵母（*Saccharomyces Carlbergensis*），正如我们所看到的，它位于普通啤酒酿酒酵母和与其紧密相关的真菌酵母之间的种间交叉地带。但是，在这一杂交化之前，其中一个祖先明显复制了其基因。这种情况何时发生仍然未知（尽管很可能是在五百多年前——见第 2 章），但基因复制和杂交在任何谱系中都是令人震惊的大事。使情况更为混乱的是，杂交的拉格酵母被命名为巴氏酵母，正如此前提到的，对于另一品种葡萄酒酵母参与到啤酒酵母中也有一些争议。但我们难道认为所有这些复杂的因素都不支持拉格酵母和艾尔酵母应处于酵母树不同位置吗？并不一定。弗斯特里彭及其同事的研究包括一些不同的拉格酵母，分别来自美国、德国（比利时）和啤酒 2 组，而它们被证明分布在啤酒 2 和德国（比利时）组。这也许看起来不可思议，因为它完全违背了这是两种极为不同的啤酒酵母的想法。但是，啤酒酵母也在葡萄酒酵母组中被发现，还有两个不同的啤酒组。明显，在捕获酵母的世界里，任何事都有可能发生。

尽管我们一直在关注酿酒酵母属内的酵母，其他属的酵母也在啤酒酿制中被使用——带有某种程度的恐惧和冒险。大部分非酿酒酵母品种在历史上被认为是讨厌的东西，是酿造过程中潜在的破坏者。40 年前，我曾在家里酿制啤酒，第一批啤酒并没有得到小心的烹制和发酵，所以当它的酒精浓度相对不错时，就变得浑浊，味道奇怪。一种不知名的酵母种类，可能是野生酵母，影响了发酵液，取代了应该进行发酵的艾尔酵母。这是一个事故。但随着最近酸啤、赛松和农场艾尔的兴起，其他与酿酒酵母关系没那么密切的酵母品种开始进入主流啤酒酿制情境。酿造这些风格啤酒的两个重要酵母品种是德克（*Dekkera*）和酒香（*Brettanomyces*）。尽管用于啤酒酿造的大部分非酿酒酵母都与酿酒酵母关系相对密切，但这两种酵母，以及还有一种叫毕赤（*Pichia*）的属，在谱系树上与之相隔甚远。明显，由于酵母种属的极端多样性，有许多潜在的酵母可以进行试验。最好是试验而非破坏，这样我们可以猜测；但是同样，啤酒酿造的许多历史包括机缘巧合。

就好像所有这些关于啤酒酵母的发现还不足似的，从维斯特拉彭小组卓越的研究中还可以得出一些重要的参考，其中包括通过用基因组生物学从基因上控制酵母（见第 16 章）。但是其他的一些发现对于理解啤酒酵母的生理也是重要的。首先，仔细观察谱系树。树的分枝长度并不统一，因为通过设计，长度代表在一个谱系中出现了多少变化。现在看看葡萄酒品种，以及任何啤酒品种，可以发现葡萄酒酵母的分枝比啤酒酵母的要短一些。这意味着，在相似的时间里，啤酒酵母基因组比葡萄酒酵母基因组的变化要多。

安东尼·R. 博恩曼（Antony R. Borneman）及其同事在2016年仔细研究了119个葡萄酒品种的基因多样性，发现葡萄酒酵母是非常具有同一性的：它们的基因变化比想象中的要少得多。事实上，他们的分析暗示着基因多样性的瓶颈。让我们这样来思考。你有一袋白色、红色和黑色珠子，它们的数量相同，将它们放到老式的窄颈牛奶瓶中；摇晃它们，试图把它们倒出来；最终只有一些会被倒出来，而其他的会被卡在瓶颈处。如果只有一些被倒出，1:1:1的颜色比例就会消失，其颜色比例与倒出来之前相比会非常不同。事实上，即使只有一种颜色被倒出，也会如此。

如果我们用珠子代表基因，颜色代表等位基因，我们就有了基因瓶颈的绝佳比喻。一旦出现了瓶颈，就不可避免地会出现近亲繁殖，强化那些新的、很可能是贫乏的变异模式。正是这一现象使葡萄酒酵母的分枝比较短。而驯化啤酒酵母与其正相反，显示出更多的基因变异。当啤酒被酿制时，溶液中的酵母并没有像葡萄酒酵母那样痛苦地处于长期缺乏营养的状态。正如我们看到的那样，酵母将非常愉悦地进行无性繁殖【见图8.2】，而缺乏营养会引导孢子的形成，并推动它们进行有性繁殖。因此许多啤酒种类形成孢子的能力会有所减弱，有的甚至完全丧失了这一能力。事实上，大部分啤酒1组群中的酵母品种是不能形成孢子的。这一避开性的能力，甚至是失去性能力，是驯化品种的特点。对于处于不可预知环境中的野生酵母来说，这一策略是冒险的，但明显它是酿造者施加于许多啤酒酵母之上的策略。

事实上，避开性被证明对于啤酒酵母是非常有意义的。酿酒者酵母通常被用于酿造的一个循环，然后被转移或回收用于下一个，依此往复。由于酿酒者通常在制作上一批次到下一批次时非常迅速，没有延长的储存期，所以酵母通常很愉悦，营养充分。这与葡萄酒制作的季节性形成对比。葡萄酒酵母只能在每年的一段较短时间内比较愉悦，这段时间里它们在冒泡的溶液中狂欢。其余的时间它们附着在干枯的酒桶中、葡萄园中，甚至是昆虫的肠道中。在这些艰苦的时间里，进入新发酵循环的可能性降低，葡萄酒酵母会习惯性地进行有性繁殖，居住于其发酵生活方式之外。那么，大部分时间里，葡萄酒酵母相对于那些啤酒酵母来说，其种群规模会小得多，这导致了三种非常有趣的种群效果。

首先，由于种群规模的不同，啤酒酵母比葡萄酒酵母进化更快，变化更多，这一现象可以从【图 8.5】的结果中看出，也可以从它们基因变异更多中得出。其次，由于啤酒酿制者在某种程度上是专营的，当他们找到组成成分的优秀组合后，会倾向于保守秘密。这使得酿酒酵母的种群相互隔离，增加了差异性。最后，由于啤酒种群显示出有性繁殖的普遍丧失，它们又相对愉悦（没有极端的自然选择施加于上），于是可以容忍基因组出现更多的变化（然后是变异）。

但是如果一位啤酒酿造者不为之提供良好的环境，被捕获的啤酒酵母会表现不佳，因此过去几千年的啤酒酿造对于它们来说是一场被强制进行的进化实验。一些酵母仍是野生的，保持许多基因变异。另一些被捕获——被驯化——现在与其野生祖先有非常大的不同。因为被捕获，它们居住的环境高度受限，而其他的酵母仍会根据环境做出具体的进化反应。在这条道路上，啤酒酵母似乎获得了驯化生物体的两个特点：极端基因组特别化和极端环境特别化。幸运的是，在酿酒酵母属内外仍然有足够的变异，能保证只要我们酿制啤酒，啤酒酵母生理就仍是有趣的。

最后，在酵母和啤酒的历史故事中掀起波澜的是激烈地背离传统。从一开始，啤酒酿造者就是成批地酿制啤酒。在发酵完成后，啤酒被汲出并装瓶，酿造设备上活性和死去的酵母被清洗，一切从头开始。但啤酒如果不间断地被酿造，就像许多今天的烈酒一样呢？华盛顿大学的化学家阿尔萨吉姆·纳尔逊（Alsakim Nelson）提出了这样做的一种方法。他的团队使用3D打印技术，生产出小型水凝胶生物反应器，使得酵母种群可以成长并活跃好几个月。当这些小的充满酵母的立方体被放入葡萄糖溶液中，它们开始做酵母擅长的事情——使其发酵，只要不断补充溶液，这一过程就会持续。酵母为何在这种环境中放弃其生存循环仍不可知，但是这一未来可能出现的新啤酒酿造新方法非常有趣。

9

啤酒花
Hops

那些国际苦味指数（IBU）为 2600 的啤酒花炸弹也许真的存在，但它们并不容易找到。我们搜遍曼哈顿的啤酒店也没有找到比三料 IPA 更极端的产品，而它的指数是 131IBU。三个金色的啤酒花球果在商标中占据了主要位置，我们好奇印在它们上面“不为熟化”的警告是什么意思。打开瓶盖后，西姆科（Simcoe）啤酒花的浓烈苦味溢满鼻尖；但在口味上，香气和 11.25% 的酒精占主导，香甜的、水果味的、几乎是柔和的艾尔味道被丰富的啤酒花所取代——尽管没有被完全取代。这种平衡是美好的。老实说，我们非常满足于没有找到 IBU 指数更高的啤酒。

两种植物为现代啤酒提供了核心成分：大麦谷物和啤酒花藤的种子干球果。大麦从一开始就存在，但加入啤酒花是思考后的结果：大麦和啤酒携手并进的历史可以追溯到人类定居生活的开始，而规律性地在啤酒中添加啤酒花大约只能回溯 1 000 年（见第 2 章和第 3 章）。传统上，欧洲啤酒酿制者使用许多野生草药来为其产品增加味道，但是到 9 世纪，这些草本混合物开始被啤酒花所取代。这一变化带来诸多便利，因为啤酒花不仅增加了令人清爽的苦味，而且是一种防腐剂。但不是每个人都能马上适应啤酒花：英国人的接受过程就十分缓慢，直到 16 世纪才完成这一过程。

这么晚才应用的原因之一也许是啤酒花可疑的名声。在 12 世纪，女修道院院长宾根的希尔德嘉（Hildegard）哀叹啤酒花“使忧郁在人身体里成长，使人的精神变得悲哀，并消耗其内部器官”。在更世俗的层面，远在时间模糊的时代，据称啤酒花会导致肌肉显著减少和男性乳突，这被认为与啤酒花含有的植物雌激素有关——但未被证实。啤酒花种子干球果还被广泛用于中世纪医药之中，与其他药物一起治疗牙疼和肾结石。它们还因其镇静功能而受到称赞，就在不久之前，它们还常被用来填充枕头，以改善睡眠。

政治也许也扮演了某种角色。16 世纪的一首小曲儿这样写道：

啤酒花，变革，海湾和啤酒，
都在同一年来到了英国。

这里指的是亨利八世在位期间新教进入英国和啤酒花啤酒兴起在时间上的巧合。随着其后的政治风潮，啤酒花从 16 世纪中期以后一路走高，很少有人会后悔发生这种变化。还值得注意的是，15、16 世纪之交开始于德国，修道院不再酿制含草药的啤酒，这是因为各地都采用了《啤酒纯酿法》。尽管这些法律表面上的意图是控制不同种类谷物的使用，以保证面包的廉价，但它们仍有削弱罗马天主教廷的重要政治影响。草药啤酒似乎是虔诚的改革者试图消灭的饮品。

纯酿法也影响啤酒制作工艺的发展。500 年里，这一法令将啤酒标准化到其三个已知成分——水、大麦和啤酒花——的努力，基本上将试验局限于大麦和啤酒花。幸运的是，在过去的几十年里一切都发生了变化，许多领域开始回归本原。但尽管诸多啤酒酿造者今天疯狂就啤酒酿制的各种决定因素进行试验，啤酒花仍是啤酒中非常重要的成分。所以，让我们更仔细地来看看这了不起的植物。

正如小麦和大麦那样，啤酒花也是显花植物。但大麦是单子叶植物，啤酒花是显花植物另一庞大谱系双子叶植物的成员。单子叶和双子叶的巨大区别与子叶相关，子叶是发展成植物第一批叶子的单一鞘组织(第 7 章)。基本上，单子叶只有一个这样的鞘，而双子叶有两个。

双子叶植物有 20 多万种，被植物学家根据其解剖结构和分子构成分成更小的单位。第一个分裂是真双子叶植物和一个被称为角苔纲的奇怪小组。第二个分裂是在其他一些奇怪的谱系和“核心真双子叶植物”之间，啤酒花属于后者。核心又被分为蔷薇亚纲(包括啤酒花)和菊亚纲(包括许多食物，比如茄子、土豆、辣椒、向日葵、西红柿、咖啡和许多普通的草药)。蔷薇亚纲又被分为两个大组，被称为豆类(包括啤酒花)和锦葵类(包括天竺葵、木槿和枫树)。豆类的第一个分支是葡萄目，包括葡萄。豆类的其他 8 个亚组(按顺序)包括蔷薇目，它包括玫瑰、大麻和啤酒花等。9 个蔷薇目科之一的大麻科，它又有 8 个属。其中，有两个非常相似并紧密相关：大麻属和我们的老朋友葎草属。葎草属目前有 3 个种：

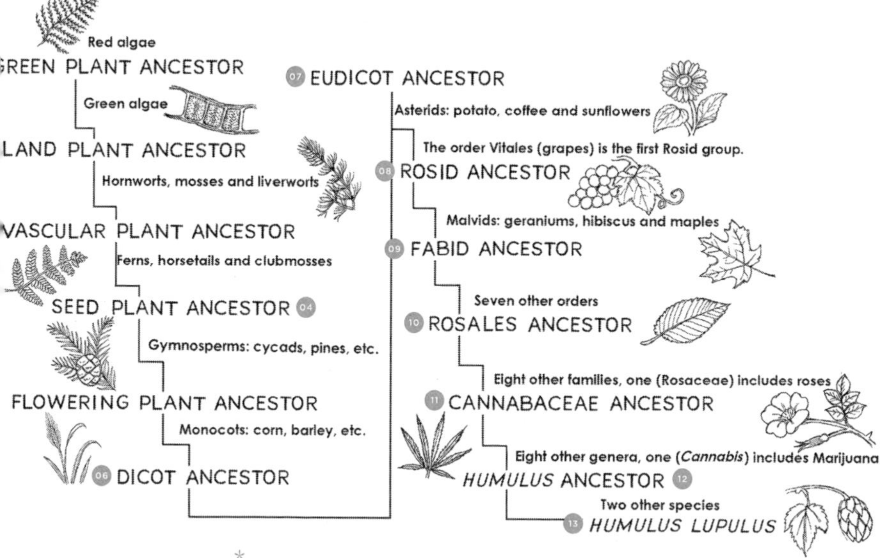

*

01 / GREEN PLANT ANCESTOR 绿色植物祖先
Red algae 红藻门　Green algae 绿藻门
02 / LAND PLANT ANCESTOR 陆生植物祖先
Hornworts, mosses and liverworts 角苔纲、藓纲和苔纲
03 / VASCULAR PLANT ANCESTOR 维管植物祖先
Ferns, horsetails and clubmosses 蕨类、木贼类和石松类
04 / SEED PLANT ANCESTOR 种子植物祖先
Gymnosperms: cyrads, pines, etc 裸子植物门：苏铁科、松科等
05 / FLOWERING PLANT ANCESTOR 显花植物祖先
Monocots: corn, barley, etc 单子叶植物：玉米、大麦等
06 / DICOT ANCESTOR 双子叶祖先
07 / EUDICOT ANCESTOR 真双叶子祖先
Asterids: potota, coffee and sunflowers 菊类：土豆、咖啡和向日葵
The order Vitales (grapes) is the first Rosid group 葡萄科（包括葡萄）是第一个蔷薇类组
08 / ROSID ANCESTOR 蔷薇类祖先
Malvids:geraniums, hibiscus and maples 锦葵类：天竺葵、木槿和枫
09 / FABID ANCESTOR 豆类祖先
Seven other orders 其他7个科
10 / ROSALES ANCESTOR 蔷薇目祖先
Eight other families, one (Rosaceae) includes roses 其他8个家族，其中一个（蔷薇科）包括玫瑰
11 / CANNABACEAE ANCESTOR 大麻科祖先
Eight other genera, one (*Cannabis*) includes Marijuana 8个其他属，其中一个（大麻属）包括大麻
12 / *HUMULUS* ANCESTOR 葎草祖先
Two other species 其他两个种
13 / *HUMULUS LUPULUS* 啤酒花

【图9.1】

这是啤酒花的聚类分析，显示其在不同的高等植物分类中的位置。

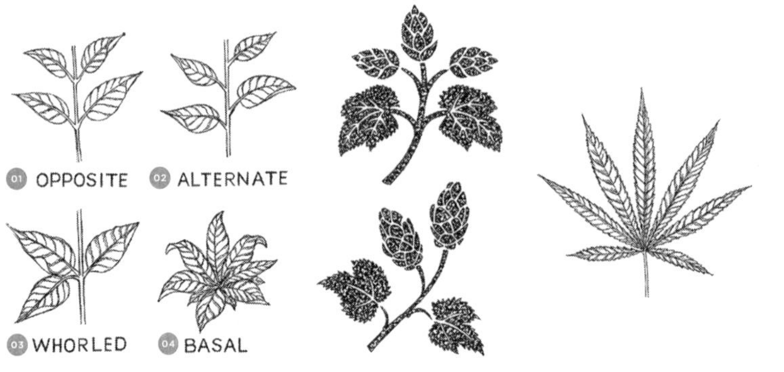

*

01 / OPPOSITE 对生
02 / ALTERNATE 互生
03 / WHORLED 轮生
04 / BASAL 基生

【图9.2】
双子叶植物的叶序。最左边是4种普通的植物叶序。中间两个较黑的图案是啤酒花图示，分别为对生和互生叶序。大麻（最右）的叶序是混合型，叶片呈掌状。

葎草（或称勒草）、滇葎草以及普通啤酒花。

目前大麻科有10个属。有趣的是，大麻属和葎草属是最亲近的亲戚。杨梅清（音译）及其同事使用这一树形拓朴结构来破译啤酒花和大麻重要形态特点的进化。具体来说，啤酒花和大麻叶片的顺序（也被称为叶序）非常不同于大麻科的其他品种。大部分植物有互生、对生、基生或轮生的叶序类型【见图9.2】，大麻科的祖先似乎是互生型的。但是【图9.2】所示，啤酒花和大麻是混合型。大麻下部的叶子是在茎上对生的，而更接近顶部的是互生。啤酒花也同时出现了互生和对生的叶序，尽管不像大麻那样层次分明。这意味着大麻和啤酒花叶片是掌状的，由叶基的普遍单一位置生出的突起或裂片组成。大麻是经典的九片或七片掌状叶片结构，而啤酒花是更完整的网纹掌状叶子，包括一、三或五片【见图9.2】。

啤酒花的性系统是有趣的，当然也是这些植物繁殖的关键。大麻科家族中所有植物的祖先很可能是雌雄同株的，这意味着植物的雄性和雌性繁殖器官都在同一植株之上。大麻科中其他属的许

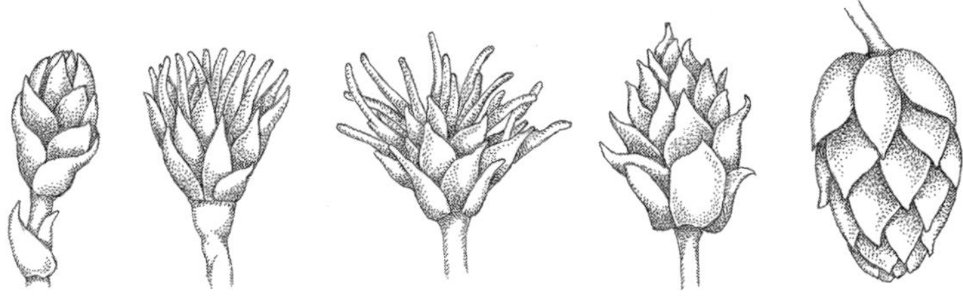

【图9.3】
啤酒花雌性花的发展，从左边的花“针”阶段到右边的啤酒花球果阶段。注意中间阶段的花穗突起，以及这些花穗转化为球果组织。

多植物仍然是严格的雌雄同株，但大麻和啤酒花是家族中的例外。大麻可以既是雌雄同株，又是雌雄异株。也就是说，大麻植株可以是雄性、雌性或雌雄同体的，它们都在单一种群内。相比之下，啤酒花大部分是雌雄异株，偶尔有雌雄同株的异端出现。这些植物的繁殖习惯是重要的，因为只有雌性植物才能出产人们想要的大麻或啤酒花——花苞和啤酒花球果——也只有在这些植物未受精的情况下。大麻种植者学会使其植物受惊或受压，以产生雌性花粉进行下一代的繁殖，从而出产统一的雌性种群，而研究者们想出办法来从基因上改变植物，使其只产生雌性花粉用于繁殖。尽管啤酒花种植者也试图通过施压来达到同样的效果，事实证明从这些受压啤酒花植物上得到的花粉是不可用的。因此他们试图尽可能地限制雄株在种群中的数量。

啤酒花植物的雄花有雄性繁殖构造，也就是含花粉的雄蕊。雌花包括结果构造或子房，正是雌花上的小芒刺最终会长成啤酒花球果，而后者是啤酒中的关键因素。理想情况下，啤酒花球果应该是不含种子的。事实上，大部分啤酒花种植手册建议，如果雌花带有种子，负责的雄株应被追踪并被消灭。一旦雌株开花，花上的芒刺会发展成为很容易辨别出的球果，正如【图9.3】里显示的那样。

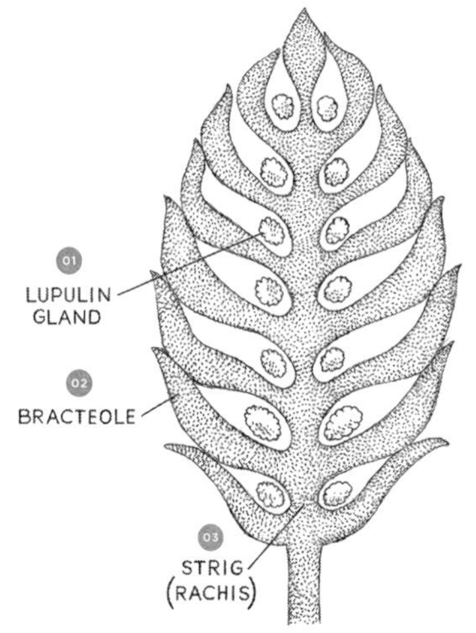

＊

01 / LUPULIN GLAND 啤酒花苦味素腺
02 / BRACTEOLE 小苞叶
03 / STRIG（RACHIS）柄（叶轴）

【图9.4】
剥离啤酒花球果外苞叶的球果横截面结构图。小苞叶是在苞叶下围绕球体的绿色鞘。柄是茎的一部分，延伸穿过球果，是小苞叶生出的位置。啤酒花苦味素腺靠近球果的中轴。

啤酒花还有多年生和一年生的混合情况。该植物是多年生的，最多可以存活 20 年，而“一年生”是指它每年只繁殖一次。花朵沿着藤状结构生长，植物学家称为蔓。我们到目前为止将啤酒花视为藤，但事实上有很大的不同，因为藤是水平向上生长的，不需要吸盘或触角来帮助它固定自己。相反，许多蔓有向下的茸毛，附着于它们缠绕的物体之上。在世界上啤酒花生长的区域，支撑啤酒花生长的木状或线状物体可能形成的景观非常壮观，蔓向上盘绕可高达 30 英尺（1 英尺 =0.304 8 米）。

啤酒花球果是雌花从开花阶段继续生长而来的。许多植物也是如此，长出水果以滋润并保护成长中的胚胎（如果有一个的话）。正如我们看到的那样，种植者可以在不施肥的情况下诱使植物进入这个阶段，啤酒花也不例外。【图 9.4】显示了球果横截面的关键部位，其中有柄、啤酒花苦味素腺、苞叶和小苞叶。苞叶是叶状的绿色鞘，组成了球果的外围结构，其化学成分在啤酒酿造中并不重要。小苞叶是柄（球果的茎）上的小型叶状突起，它含有油脂和树脂，以及丹宁和多酚，这些成分都对啤酒酿造有所贡献。但是苦味素腺也许是球果在这一方面最重要的部分。在刚摘下的啤酒花球果中，苦味腺看起来是黄色的，感觉非常黏稠，因为它们基本是精油和树脂的滴状体。这些滴状体品尝起来是苦的，这就是啤酒花导致啤酒苦味的来源。

啤酒花球果中有几百种不同的化学成分。从质量上说，平均大小的啤酒花球体包括纤维素和木质素（40%）、蛋白质（15%）、全树脂（15%）、水（10%）、灰（8%）、丹宁（4%）、脂类和蜡（3%）、单糖（2%）、果胶（2%）和氨基酸（0.1%）。球果几乎一半是纤维素和木质素并不奇怪，因为它们是植物的重要结构性化合物。纤维素和木质素是非常坚固的分子（我们很难消化纤维素，即使在内脏菌群的帮助下），它们对于啤酒味道和气味的影响是很小的。在其余的化合物中，最重要的是精油和全树脂，它们是啤酒苦味和独特气味的来源。精油也使一些啤酒具有果味、辣味和花的特点。全树脂包括两种主要树脂，即硬树脂和软树脂。软树脂可溶于有机化合物乙烷中。其数量通常根据啤酒花种类而定，因为它包括对于味道和气味都很重要的 α 酸。硬树脂不溶于乙烷，由 β 酸组成，它与 α 酸的分子略有不同。这里的 α 酸主要是葎草酮、类葎草酮和加葎草酮，而 β 酸主要是蛇麻酮、类蛇麻酮和伴蛇麻酮。

直接来自啤酒花植物本身的 α 酸并不苦。为了变苦，它们需要经过一个被称为异构化的化学过程。这是通过烹煮来实现的。烹煮

前后的分子结构非常不同，小 α 和异 α 分子的形状对于人类如何品尝和闻到它们是十分重要的（见第 11 章）。简单来说，葎草酮向异葎草酮的转变使啤酒有了苦味。相比之下，β 酸在烹煮期间并没有异化。它们只有在氧化的情况下才会如此，这是酿造者试图避免的，因为 β 酸的苦味被认为是不佳的。

更重要的啤酒度量被称为国际苦味指数，即 IBU。它是根据每百万单位中异葎草酮的含量来确定的，而测量它在啤酒中的分量是一个复杂的过程。α 酸和异 α 酸可溶于乙烷和其他有机溶液，如果测量 IBU 的目标是使每单位容量中异葎草酮的数量量化，那么 α 酸在有机溶液中的溶解度就有助于测量从啤酒中提取的异葎草酮。啤酒在经过烹煮、加入啤酒花后被测量，那时葎草酮会处于其异态形式。

测量是这样进行的。某一具体分量的啤酒与异辛烷混合在一起。正如许多有机化合物一样，异辛烷并不溶于水，所以溶液中的水与异辛烷分离。下一步，为了保证所有异葎草酮溶于异辛烷，整个混合液的 pH 值被降低，使其酸性增强。这一步会使所有异葎草酮酸都溶于啤酒和异辛烷的混合液中。由于水与异辛烷无法相溶，发生所有这些反应的管子中会出现两个相。异葎草酮在有机相，它很容易从水相中被抽离出来。然后具体分量的有机相然后被倒进一个被称为试管的小玻璃或塑料容器中。随后将它放到光谱仪中，这一机器用不同波长的光照过试管中的溶液。溶液中的异葎草酮吸收或阻碍光线到达光束正下方的探测器。具体光线的波长（275 纳米）被用来测量吸光度，它与啤酒中异葎草酮的浓度是成比例的。被测量的吸光度通过一个等式的计算，瞧！我们的 IBU，也就是啤酒的苦味指数就得出了。

大部分啤酒的 IBU 值在 20 到 60 之间。但这一测量并不是衡量苦味的唯一标准：如果 IBU 达到 60 的啤酒还含有掩盖其苦味的

*

1 / STRUISE BLACK DAMNATION
史特瑞斯的黑色诅咒
RAASTED FESTIVAL IPA LIMITED
RELEASE 拉斯提德的节日IPA限量发行
PITSTOP THE HOP RETIRED
皮兹特普的霍普退休者
SHORTS THE LIBERATOR 舒茨的解放者
HILL FARMSTEAD EPHRAIM LIMITED
农舍山的以法莲限定
2 / DOGFISH HEAD HOO LAWD
角鲨头的呼，上帝
ARBOR STEEL CITY DCLXVI
阿伯的钢铁城市DCL16
3 / MIKKELLER, INVICTA 美奇乐的因维克塔
HART AND THISTLE HOP MESS
哈特&提斯特勒的跳跃混乱
ZAFTIG SHADOWED MISTRESS
萨夫提格的阴影夫人
4 / TRIGGERFISH THE KRAKEN
鳞鲀的北海巨妖
5 / MIKKELLER X HOP JUICE
美奇尔的X跳动果汁
ARBOR FF #13 阿伯的FF#13
6 / FLYING MONKEYS ALPHA
FORNICATION 飞猴
CARBON SMITH F*CKS UP YOUR SH*T
IPA 卡本·史密斯

0
200
400
600
800
1000
1200
1400
1600
1800
2000
2200
2400
2600

01
STRUISE BLACK DAMNATION
RAASTED FESTIVAL IPA LIMITED RELEASE
PITSTOP THE HOP RETIRED
SHORTS THE LIBERATOR
HILL FARMSTEAD EPHRAIM LIMITED

02
DOGFISH HEAD HOO LAWD
ARBOR STEEL CITY DCLXVI

03
MIKKELLER, INVICTA
HART AND THISTLE HOP MESS
ZAFTIG SHADOWED MISTRESS

04
TRIGGERFISH THE KRAKEN

05
MIKKELLER X HOP JUICE
ARBOR FF #13

06
FLYING MONKEYS ALPHA FORNICATION
CARBON SMITH F*CKS UP YOUR SH*T IPA

【图9.5】

一些啤酒的国际苦度指数值，从200到2 600，包括世界上最苦的啤酒。在200IBU之下的有几千种啤酒。其中列出的一些也许已经不生产了。

其他化合物，可能它尝起来还没有 IBU 只有 20 的啤酒苦。需要注意的是，我们指的是使用 IBU 来定义的苦味，而不是啤酒花其他特点所传递的“啤酒花味”。国际苦味指数不是用来衡量啤酒花味的，也不能这样来看待它。大部分 IBU 在 100 到 200 的啤酒已经非常苦了，但有一些魔鬼级别的可以达到 2 600 IBU【见图 9.5】。这导致了对 IBU 测量统一性的一些质疑，因为只有在 150（可能还要低得多）以下，我们的味觉才能可靠地分辨现代啤酒的不同苦味。

最后，需要提到 IBU 和啤酒花的一些细微差别。如果储藏得太久，啤酒的 IBU 会减少，这意味着异葎草酮随着时间开始分解。此外，现在普遍会将啤酒花粒化。这一过程是使用锤式粉碎机来将干啤酒花碾成细粉，然后压缩成小丸，这些啤酒花粒看起来非常像动物饲料。哪种形式（丸状还是球果状）更有利于酿造？这一问题并无标准答案。两种形式各有优劣，都在使用。

啤酒花并不是只有一种，世界各地有各种各样的啤酒花，适合不同种类的啤酒酿造和酿造过程的不同阶段。一些品种的 α 酸高，它们因能使啤酒变苦的特性而颇受重视。它们通常在早期被加入，包括在精酿啤酒革命于美国刚刚兴起时爱达荷大学培育出的格兰纳（Galena），以及几年后在华盛顿州生长出的努格特（Nugget）。这两种啤酒花的 α 酸含量在 13% 左右，与旧世界的苦味型啤酒花种类，比如 20 世纪 30 年代英国的北酿的 9% 相比要高。尽管总体上说，啤酒花是因将苦味赋予啤酒而著名，但是大部分品种实际上是根据“香型”而分类的。这些品种 α 酸含量更低，更微妙的味道是因为化合物在起主导作用。在美国，香型啤酒花包括卡斯卡特（Cascade），它因会带来辣味、花香和柑橘味而知名；哥伦比亚

（Columbia），它有时被认为可以替代经典的英国法格（Fuggle）。法格是许多英国卓越艾尔的支柱，它有木香、草药香，有时甚至是果香。另一种英国经典香型啤酒花是戈尔丁（Golding），它也有特别的花香。

一些啤酒花品种被培育出来专门提供 α 酸和香气。北酿有时被归入这一类别，还有美国克雷斯特（American Cluster）和德国佩勒（Perle）。有趣的是用于生产皮尔森的经典啤酒花萨兹（Saaz），其因清澈的苦味而知名，却只产出 3% 的 α 酸。类似的品种还包括德国哈拉道（Hallertau）和泰南格（Tettnanger），它们通常共同被称为“贵族”啤酒花，十分强调香气而非苦度。同一啤酒花品种可以轻易被归为多个类别，考虑杂交品种的泛滥，这就没什么奇怪的了。比如，美国世纪（Centennial）的香型品种是 3/4 的金酿（Brewers Gold），还有 3/32 的法格、1/6 的东肯特戈尔丁（East Kent Golding）、1/32 的巴伐利亚（Bavarian）——1/16 未知，尽管这一品种是在最近，也就是 20 世纪 70 年代才培育出来的。

市面上的啤酒花种类因此并不缺少惊喜，这也是生物学家在解决“啤酒花之母”问题上比酵母和大麦的进展要小的原因之一。但是，一些研究已经将分子和其他技术应用于啤酒花关系之上。迈克尔·德雷泽勒（Michael Dresel）、克里斯蒂安·福格茨（Christian Vogt）、安德烈亚斯·丹克尔（Andreas Dunkel）和托马斯·霍夫曼（Thomas Hofmann）采用了非常有趣的非基因方法，研究了约 90 种啤酒花的 117 个化学特点。他们使用高性能的液体色谱法（HPLC）来获取啤酒花中已知的 100 多种化合物的化学信息。在 HPLC 中，溶液流经一个柱体，以分离其化学成分。然后可以用我们曾描述过的分光光度法来对它们进行特点分析。德雷泽勒和他的同事使用能最好地将每个品种的化合物分离并向它们传递量化数据的 HPLC 方法，然后使用这种数据来构建约 90 种啤酒花种类的谱系，

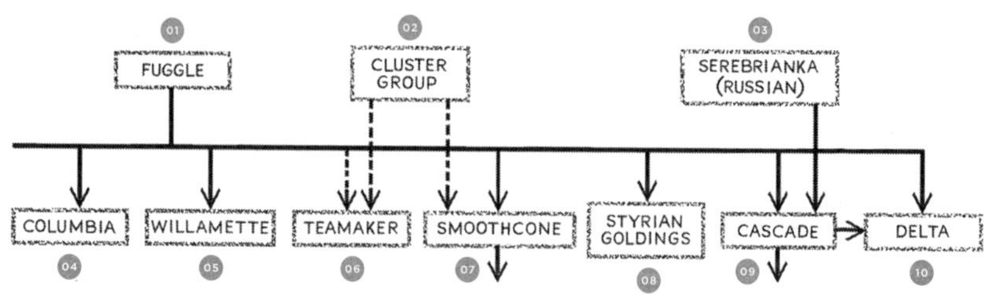

【图9.6】

这是德雷泽勒等人（2016）的啤酒花谱系的一小部分，显示其研究中十分之一的种类的关联性。向下的箭头代表与啤酒花谱系其他种类的关系。

01 / FUGGLE 法格
02 / CLUSTER GROUP 克雷斯特组
03 / SEREBRIANKA (RUSSIAN) 塞雷布里安卡（俄罗斯）
04 / COLUMBIA 哥伦比亚
05 / WILLAMETTE 威廉·麦特
06 / TEAMAKER 制茶者
07 / SMOOTHCONE 光滑球果
08 / STYRIAN GOLDINGS 施蒂里亚戈尔
09 / CASCADE 卡斯卡特
10 / DELTA 三角

其中 10 种显示在【图 9.6】中。

村上尾形及其同事通过一些 DNA 序列分析，包括对叶绿体中靶向基因进行 DNA 测序，来检测全球 40 多个地点的啤酒花植物。他们发现，啤酒花物种有两大主要谱系：欧亚品种组和亚洲 / 新世界（北美）组。但是即使在这里，这两组之间的界限也是模糊的，因为中国样本不能清晰地被放入某一分析类别中。而这是此时已经能取得的最大进展。

研究者们已经证实，有一些啤酒花品种的基因组已有足够的变异，使得未来也许可以使用 DNA 指纹来确定还未曾被确定的啤酒花样本的起源。但是对啤酒花植物的基因组分析仍然处于萌芽阶段，因为啤酒花植物的第一版基因组图谱在 2015 年才被制作出来，而众所周知，前几版不会是完整的。但即使如此，这一基因谱的存在也能为未来基因和基因组研究打开大门，特别是啤酒花基因组数据库（HOPBASE）已经存在。这一数据库最终将被用来探索啤酒花的产出、基因对菌类和病毒感染的抵抗等方面——同时弄清这种在现代啤酒酿造中极为重要的植物的自然史。

PART THREE

THE SCIENCE OF GEMÜTLICHKEIT

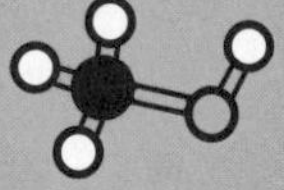

愉悦的科学

第三部分

10

发酵
Fermentation

有一些“啤酒”标榜自己酒精含量极高，可以媲美那些最烈的烈性酒。但那些酒精炸弹通常是使用冷冻蒸馏来制作的。在谈论发酵之前，我们倾向于品尝一些更为朴素的啤酒，即使它们并非“完全传统”的啤酒也没关系。我们选择了酒精浓度为 16.9% 的熟化于朗姆酒桶中的香料南瓜艾尔。它呈深铜色，没有酒头，鲜少泡沫，直到冲击味蕾时才觉得它有一种深深的黏稠感。酒体平滑丰富，就像品尝加了很多水果的朗姆蛋糕。为了进行参照实验，我们将这一琥珀色的美酒与连续添加了 120 分钟的啤酒花艾尔对比，后者的酒精度达到了 18%。总的来说，这两种啤酒充分展示了，聪明的酿酒者有许多方法将大量粗糙的大麦酒精发挥到极致。

喝啤酒有许多理由，其中之一是体验它所含酒精给予的可取的（和不良的）多样影响，因此任何对啤酒的生物描述都不会避开——至少会简要讨论——酒精分子神奇的化学和自然史。如果你并不喜欢化学，你也许会满足于这个等式：糖 + 酵母 = 酒精 + 二氧化碳。但如果你想了解更多细节，那就往下看。

让我们从酒精的来源开始。由于酒精这个词指的是一整组有机分子，从技术角度来讲，许多不同的分子都是酒精。但是，对啤酒酿造者来说，具体相关的酒精是乙醇。正如我们之前提到的“银河酒吧”那样，酒精分子在宇宙的其他地方自由存在，但自由的乙醇分子在地球上较为罕见。为了获取它，人类要么找到制作它的有机体，要么不辞辛苦地在实验室里合成它。对于啤酒和葡萄酒酿造者来说，将那些糖转化为酒精的有机体是酿酒酵母，它很愉快地产生乙醇。

分子的功能取决于组成它的原子，以及这些原子的排列方式。原子的排列相应地会影响分子的形状（它折叠的方式）以及它的行为。由相同化学组成的分子在其空间排列上可能不同，导致行为不同。分子及其原子——和其电子——是化学等式的基础。

任何等式的第一个规则就是两边必须平衡——否则就会出现有趣的副作用。当写化学等式时，我们使用分子中所含的每个原子的标志，并用一个下标给出它发生的次数。比如，二氧化碳有一个碳（C）和两个氧（O），就写作 CO_2。但这一简略的表达方式并没有捕捉到分子中的原子是如何排列的。为了更好地描述分子的结构，以帮助我们更多地理解其功能，化学家们喜欢用“球棍图”。这些图使用球形和棍状的标志，看起来像万能工匠玩具。每个原子“球”具体有多少“棍”从中伸出，取决于原子与其相近原子相连需要多少键。两个原子连接在一起有几种形式，最普遍的是两个原子共享一个电子而形成离子键。氢通常形成单一键，它只有一根棍伸出，而氧通常需要两根棍，因为它可以形成两个键，碳有四根棍，可以形成四个键。某一原子伸出的棍的数量是由其原子数量及其电子轨道决定的。在球棍符号中，二氧化碳就是 O=C=O。注意一共有四个键，每个氧原子各有两个，所以碳原子共有四个键。

这一等式是平衡的，但分子存在于空间之中，有三维结构。所以我们必须区分二氧化碳的记录格式和其自然（球棍）形式。在这一案例中，二氧化碳的三维结构与其书面结构相同，因为它是线性排列的。但许多其他分子的原子以某种角度相连，给它们一种真正的三维结构。这在啤酒酿造中非常重要，因为发酵发生在分子层面，分子的规模和结构导致了产生酒精的反应。自然并不一定在乎涉及哪些原子；相反，它从每个分子的外部形式中找到线索。

就像大部分药品那样，酒精也是小分子。事实上，它的分子量（组成其分子的原子量的总和）为46，小于最小的处方药（羟基脲，分子量为 76）。酒精有一个中心碳原子，如【图 10.1】所示。单一碳原子可以形成 4 个键，因此在典型的酒精分子中，有 4 只手臂从中心碳中伸出。其中一个是酒精共有的：OH 基团（或羟基群）。【图 10.1】中的 R 也许是其他有机分子，比如氢，或者是更复杂的分子侧链甲基基团（CH_3）。如果三个 R 都是氢，就会形成甲醇分子（毒性很大，需要避开，因为它会导致失明和死亡）。仅把甲醇中的一个氢换为 CH_3 侧基团，就可以将分子从致命的甲醇转为普通的令

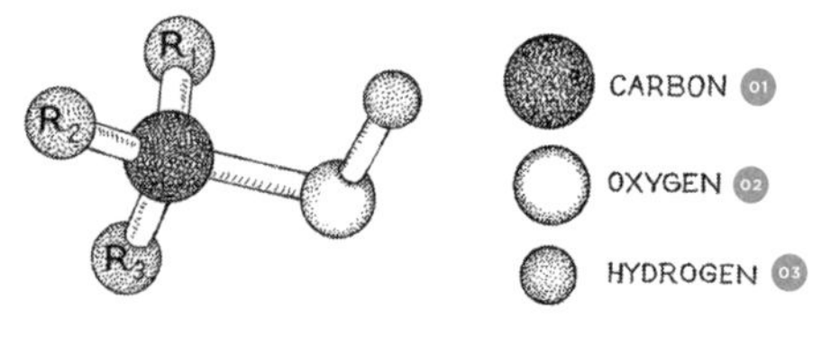

【图10.1】
左：酒精分子的通用公式。R代表与中心碳相连的群。酒精分子恒定的部分是羟基基团（OH）。在甲醇中，R是氢；而在乙醇中，R_1和R_3是氢，而R_2是甲基基团（1个碳原子与3个氢分子相连）。

*

01 / CARBON 碳
02 / OXYGEN 氧
03 / HYDROGEN 氢

人愉悦的乙醇。

另外两种酒精丁醇和丙醇对于酿造者来说也很重要，因为它们是在破坏性细菌和酵母进入发酵程序中产生的。对神经系统有毒。这些酒精是在纤维素被分解时产生的——在酿造啤酒之初就不希望它们存在。

酵母通过分解麦芽中的糖而产生酒精。这些糖中最熟悉的是我们放在咖啡里的蔗糖。还有一些看起来比较相似的分子，比如麦芽糖和乳糖。这三种糖都是二糖，通过将一些不那么复杂的单糖组合起来形成（一些甚至更为复杂的多糖也与啤酒酿造相关，但不是那么普遍）。

糖的基本结构是碳环。单糖的环可以有 5 个（五碳糖）或 6 个（六碳糖）碳。一个环中两个相邻的碳有单一键，还有一个键连接相邻于它们的碳，留下空间使每个碳可以伸出两个其他的键。这样，一个 H 或 OH 会通过环中碳上下连接，组合方式有许多种，以平衡糖的化学成分。不是所有的糖尝起来都一样，因为环中碳上下连接的不同基团形成了独特的形状，与我们舌头上的味觉接收器发生反应。在第 11 章，我们会探讨舌头上不同的接收器对于味觉的影响有多奇特；但基本原理是，我们所品尝东西（这里是糖）的形状决定了它的味道。

让我们看看葡萄糖，它是环中有 6 个碳的单糖【见图 10.2】。化学家们将环中的碳用钟面来标记，但是只有 1 到 6，开始于位于 3 点钟位置的碳。从碳伸出的基团可以向上或向下，而碳上的 H 或 OH 基团的顺序对于决定糖的总体结构是至关重要的。在葡萄糖分子中，OH 基团的顺序从碳 1 到碳 4 分别是下、下、上、下，将葡萄糖第二个 OH 从上到下翻转，形成的下、上、上、下的糖被称为不稳定甘露糖，它吃起来甜，但不能在自然界中找到。将碳 1 和碳 2 的

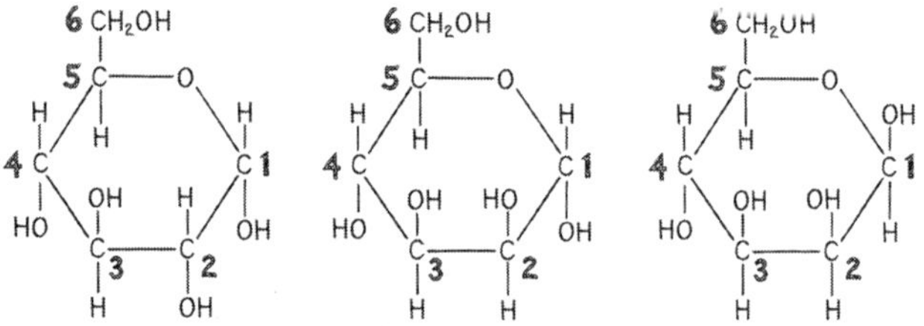

【图10.2】

左：葡萄糖的化学结构。注意从碳1到碳4，OH的顺序是下、下、上、下。其他糖有不同的OH基团排列。中间的图描述了不稳定的甘露糖的结构（下、上、上、下）。右边的图则是苦甘露糖的结构（上、上、上、下）。

OH 基团翻转（出现上、上、上、下），我们就会得到苦甘露糖。这样，从相同的基本结构和化学构成中能产生两种相反的味道，只需要改变糖环的侧基排列。OH 基团在碳 1、碳 2、碳 3、碳 4 中具体有 16 种排列方式。每一种都会产生一种独特的糖分子，它们的基本化学组成相同，但对味蕾的影响极为不同。

植物逐渐发展出通过光合作用储存能量的神奇方法。它们从类似于水这样的物质中移除电子，重新利用这些电子以制作二氧化碳和其他更大的包含碳的分子，在这一过程中用化学方式储存能量。糖是这一过程的终端产品，因此植物可以以葡萄糖和其他由葡萄糖组成的长链分子的方式储存大量能量供未来使用。这些更长链的分子包括淀粉和纤维素，但它们太大，我们的味蕾无法做出反应。因此这些分子对于我们来说是无味的，不能被我们的身体有效地分解。

淀粉由两种分子组成：第一种是直链淀粉，它是一种简单的直链分子，其中糖苷键将葡萄糖连接起来。第二种是支链淀粉，其中部分是线性的，还有支链来制作更大的淀粉分子。淀粉有 3 份支链淀粉和 1 份直链淀粉，一旦从植物细胞中脱离，它就呈粉状。相反，纤维素是由葡萄糖链组成的，有时是坚固的层状结构的物质。纸是由纤维素制成的，而纤维素也是像莴笋这类食物中的主要成分（我们被敦促将莴笋以及其他绿叶蔬菜作为粗纤维加入我们的饮食，因为纤维素基本不能被我们的消化道分解）。重要的是，尽管纤维素和淀粉都由葡萄糖分子长链组成，但它们的表现非常不同。

这些长链分子是啤酒酿造者的原材料，而对于我们来说非常幸运的是，大自然产生了一种将它们转化为更小的糖的方式，而且糖可以通过酵母的处理产生酒精。

当大麦谷物被收割时，它充满了淀粉分子（用于滋养里面的胚胎）。这对于发酵来说毫无用处，因为酵母没有将它们分解的酶机制。当胚胎做好准备生长时，谷物用其资源的一部分将淀粉长分子分解为较小的糖和较小的淀粉分子，使大麦胚胎可以使用。谷物自己装备了一套酶，以生产不同种类的糖，比如葡萄糖、麦芽糖和麦芽三糖以及其他更为复杂的糖。如果发展过程早期就被阻止，酶就停止工作，糖和更短的淀粉分子就会在谷物中逗留。

麦芽制作者将大麦浸入水中，以诱导大麦胚胎认为自己已经做好生长准备，从而激发酶程序，分解长链淀粉以滋养胚胎。当谷物充满糖和短淀粉时，麦芽制作者通过加热和烘干谷物来中断这一过程，然后将大麦放入烤箱烘烤。干燥时间可以不同，以使麦芽呈现人们想要的颜色和味道。通过调整时间以及这些步骤的完成过程，麦芽制作者可以控制淀粉与酶的比例，它对于下一步的酿造过程是非常重要的。

捣碎将使所有的糖离开发芽的谷物（大麦和其他酿造者想用的任何东西）。捣碎有几个步骤，首先包括将发出麦芽的大麦放入冷水。这一过程会导致糊化，对于糖的释放并不是必需的，但在捣碎物被加热，谷物急速膨胀并糊化的过程中确实可以加速整个过程。捣碎在某个温度范围内进行，激活麦芽中的酶将长链淀粉转化为酵母可以利用的小淀粉和糖。这些酶（α 淀粉酶、β 淀粉酶和极限糊精酶）像小机器一样沿长链淀粉滑行，剪断糖环间的键。【图 10.3】展示了这 3 种酶作用于 1 个淀粉的情景。淀粉可以是严格线性的（直链淀粉），也可以是有分支的（支链淀粉）。剪开这些淀粉分子的两种酶是淀粉酶，它们作用于直链和支链淀粉。第三种酶极限糊精酶在支链淀粉的支链点剪开，通过去除支链减小这些淀粉分子的规模。这样产生的糊状溶液充满了单环糖，比如葡萄糖，被称为发酵液。

然后这种谷物和糖的混合液就可以为酵母所用（通常是在啤酒花添加后）。我们在第 8 章讨论的酵母已经发展到可以将小糖作为食物来吸收，并使用另一套酶来分解它们。【图 10.4】显示啤酒酿造酵母使用 3 个子流程（1、2 和 3）将糖转化为酒精。这一转化实际上是通过两个复杂的分子机器（1 和 2）以及 1 个简单的化学反应（3）来进行的。

第一个机器从较大的糖，比如葡萄糖【见图 10.5】中制作叫作丙酮酸的小分子。丙酮酸被第二个酶机器转化为更小的分子乙醛。最后，乙醛通过简单化学反应被转化为酒精。第一个机器是复杂的，包括 9 个蛋白，它们连接在一起组成更大的机器，运行一个叫作糖酵解的程序。第一个机器中 9 个酶的作用主要是添加一个类似磷酸盐（P）的分子到起反应的分子中，或打破一个键。其中非常重要的分子被称为还原型烟酰胺腺嘌呤二核苷酸磷(NADPH)，在腺嘌呤核苷三磷酸（ATP）的帮助下，移动分子旁的质子。

到目前为止，我们看到了酵母发酵是如何进行的。但酵母并不是发酵过程中唯一的角色。一些细菌也学会了发酵的技能。像酵母

*

/ AMYLASE 淀粉酶
/ LIMIT DEXTRINASE 极限糊精酶
/ NON-REDUCING END 非还原端
/ REDUCING END 还原端

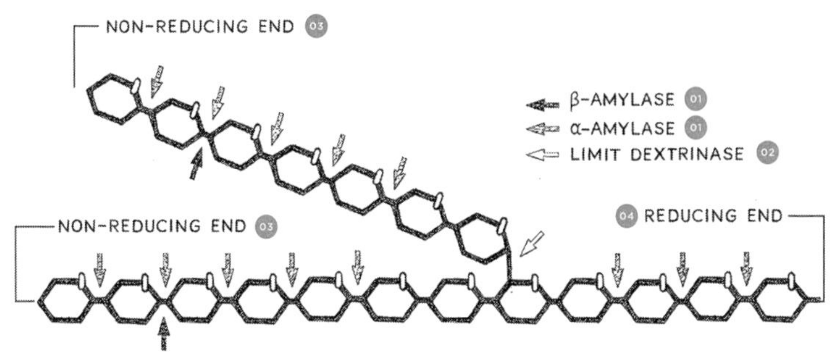

【图10.3】
淀粉酶和极限糊精酶如何将淀粉分子剪成单一糖碳环。箭头显示具体的酶解开长链淀粉分子的地方。

*

/ GLUCOSE 葡萄糖
/ PYRUVATE 丙酮酸
/ ACETALDEHYDE 乙醛
/ ETHANOL 乙醇
/ CONVERTING SUGAR TO ETHANOL 将糖转化为乙醇

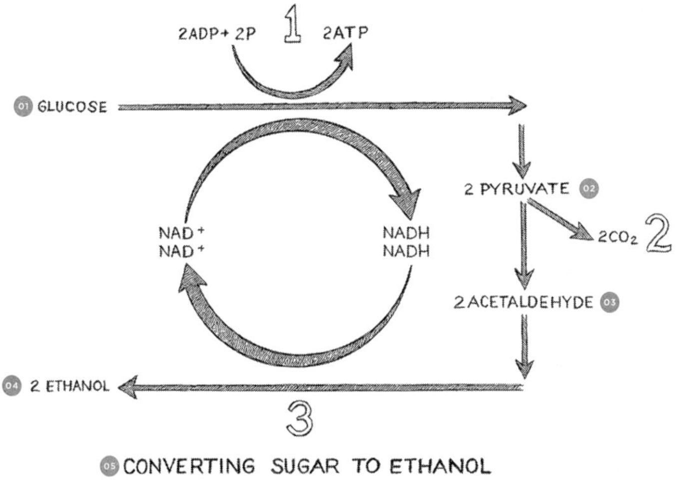

2ADP+ 2P
1
2ATP
01 GLUCOSE
2 PYRUVATE 02
NAD⁺
NAD⁺
NADH
NADH
$2CO_2$ 2
2 ACETALDEHYDE 03
04 2 ETHANOL
3
05 CONVERTING SUGAR TO ETHANOL

【图10.4】
发酵过程。3个数字（1、2、3）代表将酵母中的糖转化为乙醇所涉及的两个“机器”（1和2）和化学反应（3）。

一样，细菌通过糖酵解生成丙酮酸分子，但它们有自己处理丙酮酸的方式。在缺少氧或醛脱羧酶（酵母有但细菌没有）的情况下，易于发生反应的丙酮酸会从NADPH中抓取1个电子来产生NADP。这一添加的电子还原了丙酮酸，正如【图10.5】所示的那样，将其

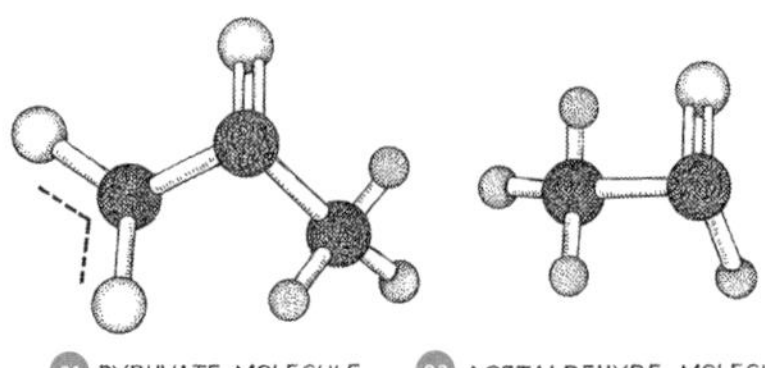

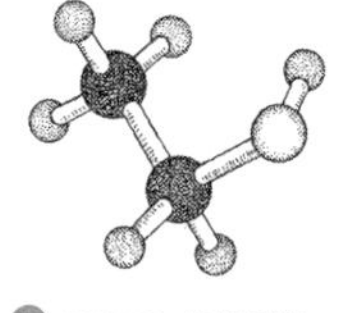

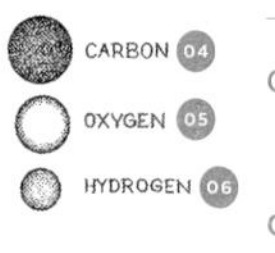

01 / PYRUVATE MOLECULE 丙酸铜分子
02 / ACETALDEHYDE MOLECULE 乙醛分子
03 / ETHANOL MOLECULE 乙醇分子
04 / CARBON 碳
05 / OXYGEN 氧
06 / HYDROGEN 氢

【图10.5】
发酵的3个产品。丙酮酸球棍结构左边的虚线意味着在顶端连接于碳的2个氧共享1个电子。这一排列使得丙酮酸非常易于发生反应。在制作酒精时，分解丙酮酸的酶机器被称为脱羧酶，因为它移走1个羧基团，释放二氧化碳（CO_2）。二氧化碳的释放产生泡沫或碳化。位于中间的乙醛与酒精非常相似，除了右边的碳与双键氧相连。为了达到右边乙醇的最后结构，1个氢分子需要被加入，以打破双键。为了成为乙醇，乙醛需要做的是获取1个质子，这来自于通常的质子贡献分子NADPH。

转化为一种小分子乳酸。注意变化发生于丙酮酸分子的中心碳。这一过程是拥有双键的氧占据了氢（正如化学家所说的，被还原）以形成一个 OH 群，从中心碳伸出。这一过程产生 NADP，它可以通过糖酵解再度循环。通过这种方法，细菌细胞发现了处理其电子的既经济又革命的独特方式。

乳酸和乙醇分别是细菌和酵母发酵产生的产品，尽管它们拥有相当相似的化学组成，这两个分子由于其独特的分子形状品尝起来非常不同。细菌发酵通常被认为是啤酒中的缺点，但也不尽然。事实上，一些传统的啤酒，比如德国柏林白啤酒（Berliner Weisse）是通过添加酒香艾尔酵母（一种可以产生非常广泛味道的酵母）和细菌种属乳杆菌或片球菌而生产的。酒香酵母可以使啤酒充满独特的感官味道。除了酒精外，酒香酵母在发酵过程中产生 3 种主要化学物质。这 3 种化合物——4－乙基苯酚（防腐剂气味 / 味道）、4－乙基愈创木酚（烟味）和异戊酸（奶酪气味 / 味道）——负责酒香酵母酿造啤酒的独特特点。酒香酵母一般比酿造者酵母发酵要慢得多，因此发酵时间要长很多。自然，操控这些不同的自然发酵物品是酿造者的重要技能。通过使用不同的酵母品种，不同的麦芽和捣碎技术，以及通过添加或允许其他有机体来使用糖，酿造者可以创造极多的拥有丰富的性格、味道和气味的啤酒种类。

但是每一种啤酒含多少酒精？在第 6 章，我们讨论过衡量啤酒发酵前后比重的测量方法，以量化其酒精含量。通过假定酿造的发酵液阶段的糖只转化为酒精和二氧化碳，发酵后的比重应该反映每单位糖转化为酒精的量，因此得出某种啤酒酒精含量的估值。一个简单的公式将这些比重测量转化为酒精数量比（ABV）和酒精质量比（ABW）。ABV 是最常见的被引用的数据。随着酒精含量超过 9%，使用这些方法的偏差会越来越大；但直到 9% 的酒精含量，估算通常相符，也是相当准确的。

酒精数量比的等式如下：132.175（OG-FG）。OG 是初始比重，FG 是最终比重，132.175 是“神奇数字”或是一个常量，似乎能在比重和酒精含量之间做出转化。所以，如果你的初始 OG 是 1.066，最终比重是 1.010，那么 ABV 就是 0.056%×132.175%，也就是 7.40%ABV。

ABW 也是使用输入的相同数据计算的，但是“神奇数字”不同，它反映的是通过重量计算的酒精百分比。ABV 可以用下面这个简单的等式转化为 ABW：ABW=ABV×0.793 36。因此，对于相同的啤酒，我们的 ABW 就是 7.40%×0.793 36=5.894%。

尽管这些计算对于各地的酿造者和啤酒饮用者十分重要，但普通啤酒迷只需要记住：你所饮用的是几十亿个化学反应的产品，它们全部是通过活着的生物管理的。你的啤酒是一个活着的有呼吸的生物。

11

啤酒与感官
Beer and the Senses

矮胖的棕色瓶子和商标上的新哥特体承诺内容是古式的、不同寻常的，事实确实如此。这是一瓶经典的“烟熏啤酒”，来自德国中部的弗兰肯，它以拉格酵母酿制，但使用一种深色麦芽，用古老的方式在山毛榉火中深度烘烤。酒体呈现出一种深邃的暗栗色，但却非常清亮，就像弗兰克尼亚教堂钟声那样响亮。酒头很快消散，但它在杯壁上留下了细长稀疏的痕迹，让我们想起炊烟袅袅。啤酒让鼻子和口腔不知所措，有强烈的烟香和味道停留，直到最后一滴离开杯子。我们闭上眼睛，几乎可以听到木头燃烧时的声音。这一啤酒也许是根据纯酿法来酿造的，但你获得的感觉与现代皮尔森式拉格相距甚远。

当你从冰箱里拿出啤酒，感觉到瓶子的凉爽，看到标签的颜色时，感官的轰炸就开始了。但是你的感官与这瓶啤酒的旅程才刚开始。你的视觉，以及可能不那么被欣赏的温度感知已经呼啸而去，为你大脑的解读传递信息：这是你想要的啤酒吗？它是否太凉了？当你最终打开瓶盖，一些感官事件发生了。如果你打开的方法正确，会听到清脆的开瓶声，然后是压缩在啤酒中的二氧化碳被释放后的滋滋声。当你把啤酒倒入杯中，你的视觉和听觉再次被启动，先是看到啤酒的颜色、光泽和透明度（或不透明），然后是啤酒倒在杯中的汩汩声。接下来，当你把啤酒送到嘴边时，鼻子充满了气味。当你的嘴唇触碰到杯子，另一组神经信息告诉你的大脑，一些冷的东西将进入口腔。唇上的触觉接收器会指导杯子到其合适的停留位置，当你倾斜它的时候，一切严肃起来。舌头味蕾上的味觉接收器分子开始收集冲过它们的分子，向你的脑子传送关于啤酒咸、甜、苦和酸的信息（如果你幸运的话，还有“鲜味”——鲜是第五大味觉，它“令人愉悦”，我们有针对它的接收器）。你还会尝出啤酒中的碳化，因为这一感觉也有接收器；你也许能够品尝到酒精，如果它的浓度足够高的话。

当啤酒到达你喉咙的后部，它开始进入一段新的旅程，沿路你的冷感接收器会再次启动，一些口腔后部的味觉接收器会被刺激。当你吞咽时，味觉的反流会洗涤你的舌头，传递更多信息到你的大脑。如果啤酒味道不错，你的大脑会开始喜欢它，你会再次举起杯子。如果它味道不佳——比如，它很差或者平平——你很有可能拒绝它。不论如何，在吞咽的行为中，你的大脑充满了关于你基本感官的信息，这么说是没错的。只有到稍后，当你的内脏开始吸收啤酒时，你的大脑才会被酒精含量所影响（见第 12 章和第 13 章）。整个过程中，你的大脑一直都是很忙的。

大脑从外界接收的所有信息都来自感官系统，通过电脉冲这个神经系统的“通行货币”进行。这些电脉冲是将信息从身体远端传递到大脑，再传回身体远端的非常有效的生理系统的一部分。知名科学家弗朗西斯·克里克（Francis Crick）曾经说过，大脑的输出（包括我们自己意识的特别形式）“完全取决于神经细胞、胶细胞，以及形成和影响它们的原子、离子和分子的行为”。这一论断对于饮用啤酒一样适用。我们对啤酒的反应就是电脉冲穿过大脑的具体部位，那里发生的一切都被奇异的认知细节所解读，别无其他。

我们可以将啤酒视为感官系统捕捉并通过认知解读的信号的来源。视觉、味道和气味——“五大”感官中的 3 个——在饮用啤酒时明显会涉及；但听觉、触觉以及温度感知在我们对饮品的感官体验中也很重要。在第 13 章我们会解释酒精饮品也会极大地影响我们的平衡，因此饮用啤酒会最终影响我们感官的所有方面。

打开瓶盖“嘭”的一声，啤酒罐的“嘶啦”声，其实就是我们的外耳收集到的空气受扰的波动，它像一个自然漏斗，吸收声音进入你的内耳，开始声音的旅程。有十几种可以测量声音的方式；这里我们使用的是频率（高低）和音量（大小）。像所有波一样，起开瓶盖所取代的空气有其频率和密度。波频的测量单位是赫兹（Hz），而密度的测量单位是分贝（dB）。人可以感知到的频率从 20 ～ 20 000 赫兹不等。在低端，风琴的低音符大约是 20 赫兹，而人类正常说话大约为 500 赫兹。玛丽亚·凯丽（Maria Carey）在《情感》（*Emotion*）一歌中最后的海豚音大约为 3 100 赫兹，而钹撞击的音频大约为 10 000 赫兹。

起开啤酒瓶所产生的声音相对来说音频是较高的，大约是几千赫兹。声音的音量单位（分贝）是个相对的度量，因为音源的距离

*

01 / VESTIBULAR SYSTEM 耳前庭系统
02 / OVAL WINDOW 卵圆窗
03 / COCHLEA 耳蜗
04 / ROUND WINDOW 蜗窗
05 / MALLEUS 锤骨
06 / INCUS 砧骨
07 / STAPES 镫骨

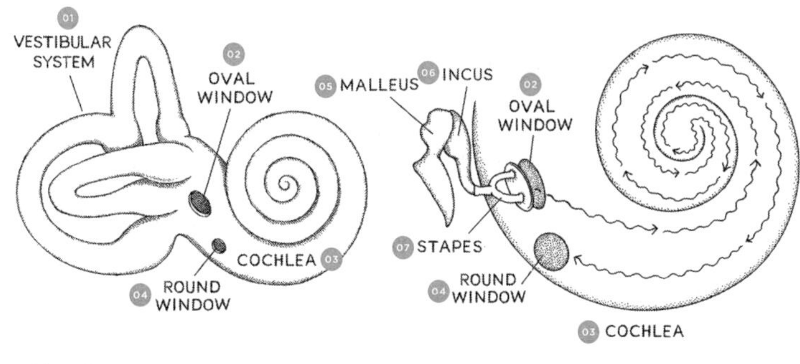

【图11.1】
左：耳蜗及其与耳前庭或平衡系统（半圆形通道）的关系。右：3个内耳骨头锤骨、砧骨和镫骨与耳蜗的关系，以及与蜗窗和卵圆窗的关系。

十分关键。但是它也许比赫兹更与打开啤酒瓶或罐相关。人们可以忍受的分贝通常的范围是 0 ~ 140 分贝，当音量太极端，它可能从物理上威胁到内耳的结构。悄悄话大约为 20 分贝，正常的面对面交流大约为 60 分贝，锤打释放出的声音大约为 100 分贝，而直升机起飞发出的声音大约为 130 分贝。我们认为，开启啤酒瓶的分贝为 50 ~ 60 分贝。倒出啤酒时的赫兹和分贝水平要低于开瓶时的，但仍是可以听到的，如果我们看到一个瓶子在附近被打开又听不到声音，会觉得很奇怪。

开瓶的声波，倒出啤酒时碳酸的汩汩声，啤酒在我们面前的轻柔滋滋声都会到达内耳，为耳膜所收集。然后，振动的耳膜会机械地与内耳的 3 块小骨头互动，它们被称为锤骨、砧骨和镫骨。通过从耳膜到锤骨、砧骨和镫骨一系列的机械反应，袭击耳膜的声波的特点进一步被传递到内耳的耳蜗【见图 11.1】。耳蜗是与植根于神经细胞之上的毛发相连的，这些毛发充满了液体，当镫骨移动时，像活塞一样起反应，机械地将声波的特点传递到耳蜗。随着耳蜗中的液体移动，毛发根据具体的声音做出具体倾斜进行反应。与毛发相连的神经细胞相应地做出回应，信息通过我们前面提到的电脉冲被送到大脑。

我们如何解读声音是一个记忆和情感的问题，这是社会科学家查尔斯·斯彭斯（Charles Spence）研究的我们大脑一些神奇的特点。他及其同事们研究了各种东西，从巧克力条的名字如何与其味道的认知相关，到顾客的喜好如何受到苏打罐颜色，或打开食物包装噪声大小的影响。他们研究了极多的开瓶和倒出饮料的声音，包括打开瓶盖时的爆裂声（高胜啤酒的瓷盖是他们最喜欢的案例）。斯彭斯及其同事将这些分为三种亚声音：气温、碳化和黏度。不管你相不相信，倒出饮品的声音可以告诉一位经验丰富的饮用者啤酒是冷的还是常温的，甚至是否被优质地碳化；当黏度这种差异足够大的时候，它们也是可以被听见的。仅听见液体被倒出的声音，你就能对你要喝的啤酒形成非常好的印象。

倒酒因此为我们吞下第一口啤酒做好准备，同样的还有它被倒出后的样子。比如你盯着一杯新倒出的拉格。所有波长的光将从许多方向袭击拉格，其中一些被反射回去，还有一些被吸收了。杯中的拉格是金黄色的，所以波长不是在 570~590 纳米的光（金黄色的波长）会被啤酒吸收。任何波长为 570~590 纳米的光都会被反射，这是与你眼睛视网膜相撞的光，让你知道颜色。关于杯子周围物体反射光、光穿过杯子（如果你看的是清透的拉格）和杯子周围阴影的信息也会通过视网膜传递到大脑。这是你的视觉领域关于形状和物体的信息。

我们的眼睛结构复杂，其中视网膜是最重要的。它位于眼睛后部的细胞区，一些科学家认为它实际是大脑的一部分。它包括两种主要的细胞，被称为视杆细胞和视锥细胞：有约 1.2 亿个视杆和 600万~700万的视锥。这些细胞将来自外界的光的信息通过视神经传递给大脑。视杆收集和传递所视光的总体特征。在暗光条件中，它们比视网膜的其他细胞能更好地发挥功能，因此具有夜视功能。视锥细胞有三种主要形式——红、绿和蓝——因其负责探视的颜色所命名。视杆和视锥细胞通过视蛋白分子来收集信息。视锥细胞中的主要视蛋白被称为视紫红质。红、绿和蓝色视锥细胞有其自己的视蛋白，被称为红视蛋白（L 视锥）、绿视蛋白（M 视锥）和蓝视蛋白（S 视锥）。

视蛋白是植根于细胞膜的蛋白。每个都含有一个视黄质（与维生素 A 同类），后者居于蛋白区域内。视黄质被研究者称为生色团，在光线到达时会做出反应。视黄质的反应会引起视杆或视锥的连锁反应，产生可能行至大脑的潜在行为。每个视蛋白都会对一段最佳光线波长做出反应，不同波长的光的信息也由此传递到大脑。

让我们把这一感官体验用于我们那杯拉格。波长为 570~590 纳米的光到达视网膜，刺激视锥细胞。纯绿光会使绿视蛋白活跃起来，示意物体是绿色的。但我们并没有拥有可识别 570~590 纳米波长的视蛋白。相反，红视蛋白和绿视蛋白视锥细胞都开始做出反应——但比纯红或纯绿光到达的反应水平要低。大脑因此会将啤酒的颜色解读为黄金色。现在你已经准备好将啤酒送到唇边。

神经科学中最有标志性的绘画之一是“小矮人”【见图 11.2】。这一形象来自神经外科医生怀尔德·彭菲尔德（Wilder Penfield）。当其病人的大脑在手术台上被打开进行操作时，他会对大脑某些部位“挠痒”，然后要么问他们感觉到了什么，要么观察到身体某一部分的微颤。但是病人们不是被麻醉了吗？并没有。因为大脑表皮本身并没有疼痛受体，大脑手术可以在不进行全麻的情况下进行。

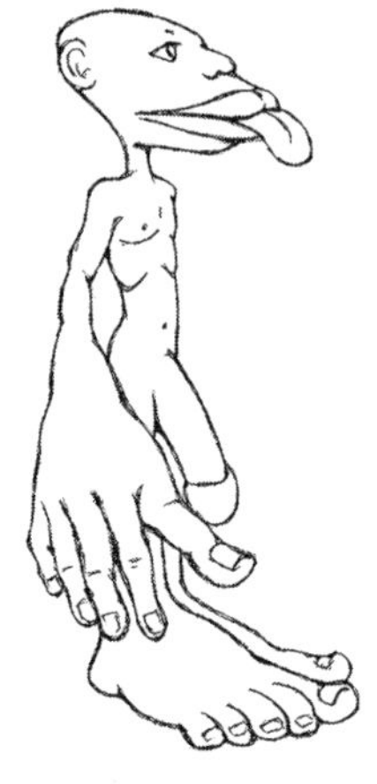

【图11.2】
感官小矮人，显示身体不同部分致力于感知的神经占据的区域。身体放大的部分表示大脑致力于感知的区域更大。比如，唇部比鼻子相对要大一些，因此大脑的更大一部分致力于用唇来感知，而不是鼻子。

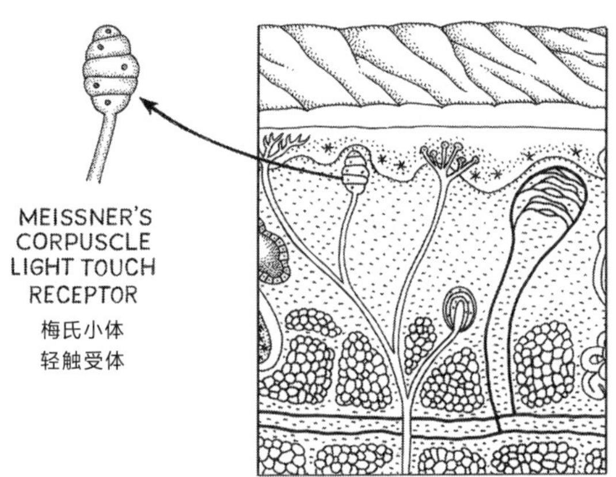

【图11.3】
梅氏小体，以及受体所在的皮肤表层。

只要看看电影《汉尼拔》(*Hannibal*)的最后15分钟，你就会了解其精髓。这一特点使彭菲尔德了解到大脑中负责感官和动作功能的区域，并在小矮人上按其重要性的比例表现出来。对于啤酒饮用者来说，重要的一点是小矮人的唇和舌头在其身体上的比例远大于其真实比例，这一扩大的神经区域与你将啤酒杯举到嘴边的感觉相关。

如同听力，触感是机械感官，我们有几种非常专业的细胞，致力于查明我们接触的物体【见图11.3】。主要的细胞被称为梅氏小体(Meissner's corpuscle)、麦克尔细胞－轴突复合体(Merkel cell-neurite complexes)、鲁菲尼氏小体(Ruffini endings)和巴氏小体(Pacinian corpuscle)，它们位于皮肤底层或真皮层。对啤酒杯接触我们的唇起关键作用的是梅氏小体，因为这些细胞探明轻微碰触。事实上我们的唇上充满了这类接收器细胞。

梅氏小体其实非常敏感。如果用力扭曲它(比如将啤酒杯轻触唇)，它会产生潜在的行动，输送到大脑，使大脑了解到触碰发生在哪里。梅氏小体也在指尖被大量发现，在那里它们协助操纵类似于啤酒杯的物体。当杯子触碰嘴唇，梅氏小体将杯子的位置传递给大脑，你可以准确和有效地将啤酒送到嘴里。但在啤酒被倒出前，你也许会意识到从杯中散发出一种好闻的气味，这把我们带到了嗅觉。

据说人类比其他动物的嗅觉要差，特别是那些通过嗅觉来与环境做大部分沟通的动物(比如狗)。长久以来，公认人类只能闻出上万种不同种类的味道，但最近安德烈亚·凯勒(Andrea Keller)及其同事指出，也许我们可以闻出1万亿种独特的味道。嗅觉是科学家们称为化学感应的感官——它与听力和视觉不同，这两种感官探知波或者触感，查明感官细胞的机械扭曲——嗅觉（和味觉）则是对漂浮在空气中，或存在于我们消化的液体和固体食物中的分子和化学物质做出反应。我们认知为气味的分子和化学物质有具体的形状：比如啤酒花的花味，是由一种叫作芳樟醇的小分子引起的，而添加了啤酒花的啤酒的木本气味是由一种叫作 β - 紫罗兰酮的分子带来的。

产生不同气味的分子相应有不同的形状，总体来说，分子越相似，我们认知的气味就越相似。因此，闻到气味是基于我们鼻腔通道里的细胞认识这些形状，并将这些信息传递给大脑的能力。鼻腔顶充满了嗅觉受体细胞。这些受体细胞通过神经与大脑的嗅球相连。嗅觉细胞本身带有植根于其细胞膜上的蛋白质，它们共跨膜 7 次。蛋白质的一端有具体的结构，将会认知气味分子并与之发生反应。关于气味分子是与受体蛋白进行了物理反应，还是其他一些物理现象，比如振动，而引起了反应，目前仍有一些争议。不管哪种方式，气味与接收蛋白的反应导致气味受体细胞发生一连串化学反应，发起传送到大脑进行解读的潜在行动。这套反应意味着需要大量的蛋白质植根于嗅觉受体细胞的细胞膜之上。人类大约有 400 个嗅觉受体蛋白，而大象有接近 2 000 个，狗有 800 个。

你是否好奇过为什么啤酒的味道那么好闻？毕竟，我们的一些食物闻起来相当令人不适。但啤酒似乎是包含固有吸引力味道的神奇产品。华金·克里斯琴（Joaquin Christiaens）及其同事认为，关键在于酵母。当啤酒靠近唇时，从啤酒杯中散发的甜蜜味道来自两个小分子，乙酸乙酯和乙酸异戊酯。它们都由酵母制造，正如克里斯琴及其同事通过制造一个缺乏对生物合成至关重要的酶的酵母品种显示的那样【见图 11.4】。酵母会释放这两种味道剂明显并不是偶然的，很可能是这些小生物体生产它们以吸引果蝇，几亿年来它们一直共同进化——果蝇帮助酵母传播。我们喜欢啤酒的味

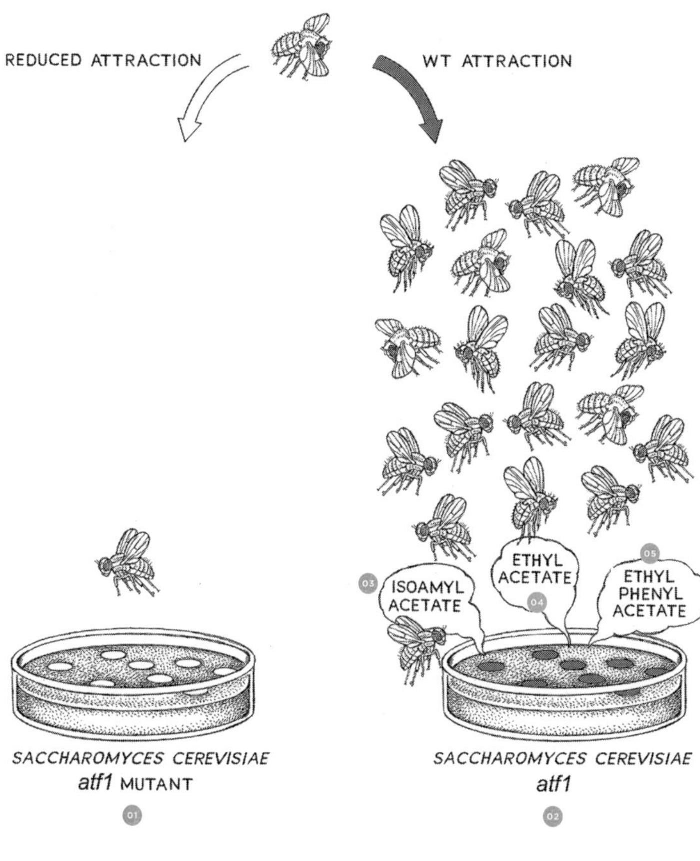

*

01 / *SACCHAROMYCES CEREVISIAE aft1* MUTANT 酿酒酵母atf1突变品种
02 / *SACCHAROMYCES CEREVISIAE aft1* 酿酒酵母aft1
03 / ISOAMYL ACETATE 乙酸异戊酯
04 / ETHYL ACETATE 乙酸乙酯
05 / ETHYL PHENYL ACETATE 乙酸苯乙酯

【图11.4】

克里斯琴及其同事的试验，显示果蝇被乙酸乙酯和乙酸异戊酯吸引。突变的atf1品种缺失一种酶，它涉及合成乙酸乙酯和乙酸异戊酯。当果蝇被暴露于突变酵母时，它们避开酵母；相反它们被普通（WT，野生品种）酵母吸引，而后者可以合成乙酸乙酯和乙酸异戊酯。

道似乎出于偶然——酵母试图吸引的是果蝇!

美洲啤酒酿造大师协会(The Master Brewers Association of the Americas)建议其成员使用一种被称为“风味轮”的设备以评估其酿造啤酒的味道。这一精巧的专业设备于20世纪70年代由美国酿造化学师学会(American Society of Brewing Chemists)的莫滕·梅尔加德(Morten Meilgaard)创造,从那时起经历了许多迭代。风味轮试图获取啤酒的主要风味,以比较不同的产品。从一个圆圈的中心散发,它确定主要风味等级(芳香的、焦糖味的、富含脂肪的、氧化的等),并进一步细分为更小的组别[比如葡萄柚、焦糖、农场、恶臭、燃烧的轮胎、儿童呕吐物(尿布),最后这一种我们希望永远不要在啤酒中碰到]。通过这种方法,被确定为拥有“谷物”风味的啤酒也许是“大麦味儿的”,或“有麦芽香的”,或“有发酵味儿的”。

风味轮当然提供了一个起点,可以讨论任何啤酒的风味特点,但它不同版本的涌现表明这一解决问题的方式极为主观。非常简单,许多啤酒对于不同的人来说有不同的味道,这只是因为人类的味觉感知有极大的不同。这意味着我们应该宣布自己的喜好。在本书中,我们用形容词描述不同种类的啤酒。形容词不可避免地暗示着判断,我们在此承认,我们喜欢独特的甚至具有明确性格的啤酒。我们不介意麦芽或啤酒花是否起主导作用,但是我们认为拥有“尖刺”型风味轮的啤酒比相对平淡、风味不突出的啤酒更为讨喜。我们再次强调,这一喜好完全是主观的,你自己的偏好也许完全相反。

味觉受体细胞在任何地方都是成组出现的,包括30~100个细胞,被称为味蕾。就像嗅觉,味觉是化学受体感官,通过我们在讨

*

1 / HYPO-TASTER 低级试味员
2 / NORMAL TASTER 普通试味员
3 / SUPER-TASTER 超级试味员

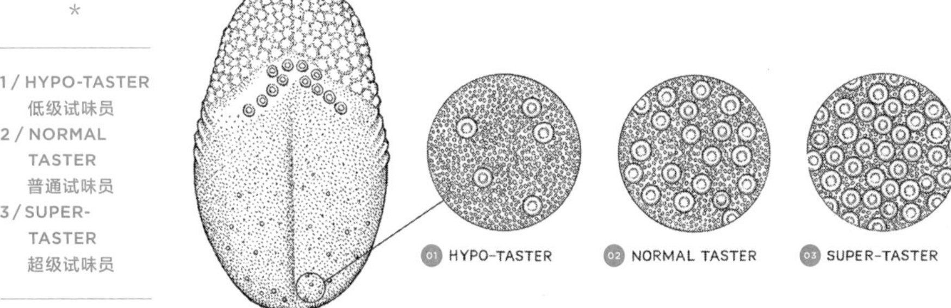

【图11.5】
左：味蕾和乳突所在的舌头的区域。圆圈表示用于测试味蕾密度的纸上的孔所放置的位置。低级、普通和高级试味员的舌头被显示在右边的3幅图中（从左至右）。

论嗅觉时提到的锁匙机制来认知不同的味道分子；就像嗅觉受体，味觉受体跨越味觉细胞的细胞膜7次，并与我们饮用的液体和吃下的食物中的味道小分子发生反应。五大味觉受体分别传递甜、酸、苦、咸和鲜（谷氨酸的味道，比如亚洲食物中通常会撒的味精）。我们认知为味道的东西是不同受体与相应食物发生的综合反应。味蕾相应地卷成被称为乳突的结构，如果你照镜子时仔细观察舌头就会看到它们。乳突主要位于舌头的前半部，在后半部会稀少一些。

有三种基本的试味员——低级试味员、普通试味员和高级试味员——比例基本为1∶2∶1。还有一种非常罕见的超高级试味员。舌头上味觉细胞的数量决定了人们是可以品尝、超级能品尝还是不那么能品尝味道。决定你是高级、普通还是低级的，只是简单的数量问题。这里我们告诉你判断的方法。取1张打了3个孔的纸，剪出包括其中1个孔的小方块。将一些葡萄果冻放入嘴中，或饮用一口颜色深的红酒或葡萄苏打水，保证你的舌头充分浸润了紫色物质。将打孔的纸放在舌头上任何靠近舌尖的部分，然后看镜子。你应该可以看到一些小的像蘑菇一样的结构，并数出它们的数量。

如果不足 15 个乳突，你更有可能是低级试味员，而 15 ~ 30 个意味着你是普通试味员，超过 30 个意味着你是高级试味员，甚至是超高级试味员【见图 11.5】。

精酿啤酒酿制者们在酿造一些啤酒时会粗野地添加啤酒花，我们都非常喜欢这样，因为我们是普通试味员。高级试味员大部分时间是避免饮用啤酒花啤酒的，因为他们觉得它们异常的苦。他们当然倾向于不去饮用像 IPA 那样的啤酒花啤酒，有时甚至是拉格也会使其味蕾不适。我们还非常喜欢饮用烈啤时酒精对味蕾造成的灼伤感，而高级试味员在唇碰到酒精含量高的啤酒时就会报告有燃烧感，他们几乎永远不会饮用烈性酒。而低级试味员相比之下会很容易容忍极端的苦味，但区分不出啤酒是添加了哥伦比亚啤酒花，还是卡斯卡特啤酒花——这是高级试味员很容易做到的，尽管他们通常会觉得这两种啤酒都有令人不快的苦味。

由于品尝能力的天然区别，只有普通试味员才会欣赏添加了啤酒花的啤酒，但这并不意味着高级或低级试味员不能欣赏酒精饮品。高级试味员甚至可以最大限度地利用自己的能力：大部分顶级厨师都是高级试味员，用自己的高级品尝能力创造新的菜肴。即使是普通试味员通常也希望啤酒在其味觉受体上达到合理的平衡。所以尽管酸啤最近变得非常流行，任何品尝了真正的农场酸艾尔的人都会认识到，即使他们喜欢这种酒，其酸性味觉受体相比其苦味和甜味受体来说也快让人发疯了。但是，很难说服那些有创造力的酿酒者不去试验——想想最近使用海盐来酿造啤酒的那些疯狂的人。我们好奇是否味精啤酒已经在研制中了。

作为这个星球上的生物体，人类的感官是相当有限的。我们只能看到非常狭窄波段里的光，我们的视觉范围有限，我们只能在视觉范围的一面里看到立体形象，我们在探知颜色的时候有非常奇怪的反常行为。这只是视觉，而它是我们这一视觉来源生物的主导感官。在味觉和嗅觉上，我们同样只有合理的敏感性，被许多其他哺乳动物超越。这些局限指出进化的重要教训，那就是自然选择并不是力求完美，而是寻找实际解决办法。我们这一族群的解决办法使我们远未达到任何事物的最优化，但它们使我们对外部世界有合理的认知。非常巧合的是，它们使我们足够优秀，可以欣赏啤酒，它正好完美地覆盖了我们大部分感官系统。

12

啤酒肚
Beer Bellies

超级淡啤可以流畅地倒入玻璃杯，而帝国世涛实际上需要用勺子舀出瓶子。这种差别并不奇怪，因为超级淡啤承诺只有 96 卡的热量，而世涛则高达 306 卡。对于虔诚的节食者来说，选择毫无争议，对于我们这两个虔诚的啤酒爱好者来说也没有。超淡可以被认为是啤酒，但仅是如此。而相比之下，世涛的密度、复杂度和长久持续的后劲折服了我们。这种不同是否值得其相应的卡路里？我们有自己的答案。

啤酒是美味可口的，饮用适量的话，对于大脑有极为愉悦的影响。但是啤酒带入我们身体的化学制品和分子都必须被代谢。不幸的是，啤酒所带来的化学制品浓度并不适应我们的身体。往最好的情况说，它们将人体的代谢系统用到了极致。在第13章里我们将讨论啤酒对大脑的影响。在这一章中，我们将讨论啤酒对身体其他部分的影响。

如果发酵过程的目的是产生酒精，你面前的瓶子也许是不同比例的酒精。同样要记住的是，发酵产生的另一个产品是二氧化碳，所以你的啤酒也会包括一些气体分子，使啤酒有起泡的口感。如果啤酒中的酵母细胞有效工作，它们会沉淀在发酵桶底部，也将会成为漂浮于液体中的分子的主要来源。在大部分情况下，酿造者要么把酵母层过滤出去，要么通过巴氏灭菌法杀死它们。但是，大部分家庭和精酿酿造者并不过滤或灭菌，而是将啤酒倒离酵母，在液体中留下一些可成长的（非常有营养的）酵母。在发酵中，一些酵母因自然原因死亡，其被分解的细胞成分也会漂浮在啤酒之中。酵母细胞残留中的分子各不相同，包括细胞膜（脂质）、DNA和使酵母存活的长链碳水化合物。我们消化的所有这些啤酒成分会被身体利用——不管是好还是坏。

哺乳动物进化出一套有效但非常复杂的消化饮食的方式，由于人类消化系统是进化的产物，它有一些非常奇怪的令人感动的部分。这些奇特之处在于自然选择并不追求最好的设计，或最优的结果。相反，正如我们已经在感官部分提到的那样，进化只是一个找到解决方案的过程。它的其他部分也使自然具有复杂性。首先，自然选择需要变异来运行，但生物体不可能简单地产生新的有用变异来解决生存的问题。生物体组群只能通过基因偶然变异的自然方式来获取变异。另外，进化并不总是朝着一个方向的。尽管在20世纪40和50年代时人们普遍认为自然选择逐渐迈向更为有利的情况，到 20 世纪 70 年代时人们认为，意外事件对于进化历史也有着至少是同等重要的影响。而这些变异传奇的结果之一就是，从任何工程学角度来说，我们的身体系统远没有被最优化。

我们的消化系统从我们消化的食物中提取营养分子，使我们可以获得能量，以保持基本代谢和身体运行、移动，以及非常重要的——孕育我们渴求能量的大脑。我们的消化系统还向身体的其他器官分配不能产生能量的分子。但是，当我们讨论消化时，通常考虑的是生产能量，这使得卡路里进入讨论中。卡路里是棘手的问题。我们不能触摸或感觉它们，就像脂肪或乙醇那样。事实上，尽管卡路里可以成为我们代谢饮食的良好测试工具，通过保持积极来燃烧能量，但它们完全是概念性的：卡路里的定义是热量或能量单位，具体来说是把 1 克水加热 1 摄氏度所需的热量。我们需要注意的是，食物包装上标示的卡路里实际上是乘以 1 000 的——也就是说，是千卡路里——尽管我们还是会用熟悉的方式提到它们。

除了食物以外，其他物体也会有卡路里。比如，汽车使用的天然气含有卡路里，具体数量取决于油罐中气的容量。用卡路里来衡量的能量或热量来自“燃烧”或代谢来源。来源不同的卡路里通过不同的方式燃烧。啤酒中的卡路里通过身体燃烧以获取能量的物质包括乙醇、蛋白质和碳水化合物。更广泛地从食物的角度来说，有许多能量来源，其中脂肪也许是最重要的。每种能量来源对我们能量的储备贡献具体数量的卡路里。每消费 1 克脂肪，消化系统向我们的身体传递 9 卡路里；每 1 克蛋白质或碳水化合物，传递 4 卡路里。乙醇被转化为能量是每克 7 卡路里。来自纯乙醇的卡路里有时被认为没有任何营养，因为它们被传递给身体时不含营养物质。

当你行走、跑步或使用你的大脑时，你的身体正使用它消化的分子来产生能量（以卡路里来计算）。如果这些分子当时不能畅通地被获取，你的身体就需要从储藏中提取，否则就会停止运行。这一储存以脂肪的方式存在，所有的不是立即被需要的能量分子都会被转化为脂肪。这样，我们消化食物获取的能量被非常有效地储存。人们也许会认为，由于消化的脂肪拥有最高的卡路里含量（每消化 1 克就有 9 卡路里），我们超重或肥胖的大部分问题都是由高脂肪食物产生的。如果真的是这样，我们就能随心饮用相对没有脂肪的啤酒，完全不用担心超重。但是，天啊，这绝对是错误的，因为分解高脂肪食物与分解乙醇和碳水是非常不同的，而后者正是啤酒卡路里的来源。

在消化的啤酒中，到达胃部的碳水化合物（以下简称为“碳水”）浓度比初始溶液要低，因此被称为残余。通常一杯美国啤酒大约含 14 克酒精，很可能有 10 克多一点点的碳水。因此你从碳水中获得约 40 卡路里，从乙醇中获得 98 卡路里，加起来略低于 140 卡路里，其中大部分来自乙醇。

饮用一瓶普通啤酒给你的卡路里量与一罐苏打水或 35 毫升(12 盎司）的运动饮料相同，大约比一杯牛奶多 50% 的卡路里，是一杯咖啡（含糖和牛奶）的 5 倍。一些啤酒所含的卡路里比典型的美国国产啤酒要少，另一些则要多：最少的卡路里含量大约是 55 卡路里（百威 55），而最多的则是可怕的 2 025 卡路里 [布瑞美斯特蛇毒（Brewmeister Snake Venom）]。我们较喜欢的啤酒类型一瓶有足够的卡路里（大约 150 卡路里）来提供 40 分钟行走的能量。所以如果你饮用啤酒，然后进行快走，也许最终卡路里会达到零和状态，但如果你待在家里看电视，只会燃烧 15 卡路里的热量。当然，人们的运动水平和代谢率有很大的不同，所以并没有一个统一标准。可以指出的是，要想获得零和状态，成年女性平均每日卡路里摄入量大约为 2 000 卡路里，成年男性大约为 2 500 卡路里。

啤酒的卡路里一般来说与其酒精含量成比例。酒精含量高的啤酒通常碳水化合物含量更高。淡啤酿造者们通过减少目标酒精含量来降低卡路里水平，这包括控制酿造程序中使用的初始糖量。所以，如果你认为百威 55 的酒精含量远低于蛇毒，那么你是对的。尽管从技术上讲，啤酒的卡路里含量取决于碳水化合物和蛋白质浓度，以及酒精含量。小的糖分子会全部转化为酒精，因此它们不会为啤酒的卡路里做出贡献。

如果想了解碳水化合物在我们身体里的情况，我们必须讨论一个不容忽视的问题——肥胖和超重。根据疾病控制和预防中心（CDC）的数据，如果一个人的身体质量指数（BMI）为 25~29.5，他（她）就超重，如果超过 30，就属于肥胖。BMI 没有单位，它是一个使用下面等式计算出的可操控比例：

$$\text{BMI}=\frac{\text{体重（磅）}}{\text{身高（英寸）}\times\text{身高（英寸）}}\times 703$$

CDC 宣称 BMI 是衡量身体脂肪含量的非常好的指示器，是决定一个人是否超重或肥胖的基本标准。但一些营养学家认为，BMI 并不是衡量超重的最好指示器，而建议使用腰围与臀围比。对于男性来说，这一比例应为 0.9，对于女性来说应为 0.8。有啤酒肚的人这一比例通常为 1.2 ～ 1.5。

最终，所有这些多余的脂肪来自卡路里含量。我们的身体在加工它时消化了许多乙醇，但是还有一些来自碳水化合物的卡路里。

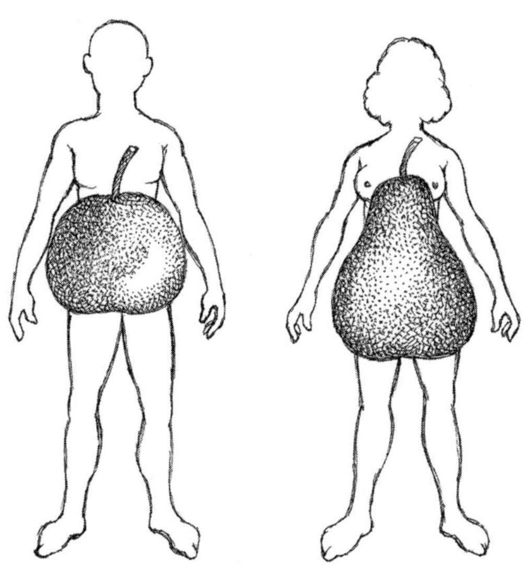

【图12.1】
男性苹果型和女性梨型脂肪堆积

来自啤酒中碳水的卡路里被用来提供每天活动所需的能量。如果有的能量不是马上需要的剩余碳水，身体将产生胰岛素来应对这些多余碳水在血管里引发的多余的糖。小胰岛素分子是一种激素，通过控制脂肪酶这一蛋白的水平来影响碳水向脂肪的转化。这些蛋白将脂肪分子分解成脂肪酸，然后被身体具体区域的脂肪细胞吸收。

那么脂肪会进入身体的哪个部分？脂肪细胞在男性和女性身体中的位置是不同的，这是为什么超重男性通常显得更圆，而女性更像梨【见图 12.1】。这些细胞在受到挑战时会将碳水化合物转化为脂肪。但它们更倾向于从食物中吸收脂肪，因为将脂肪转化为碳水要消耗十倍的能量。一些研究者认为，这一胰岛素系统的进化是在间歇性饥荒中自然选择的产物。这是所谓的节约表型的基础。节约表型人拥有有效储存脂肪的生理能力，很容易在丰产时期变得

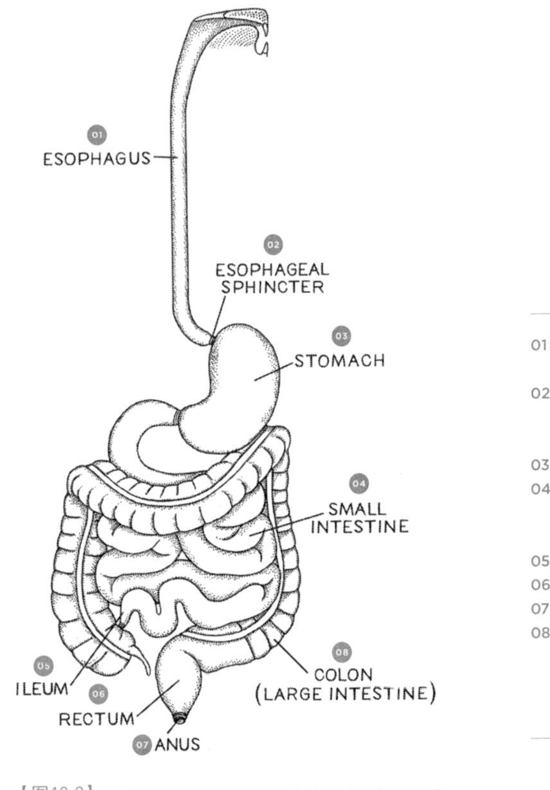

【图12.2】
人类胃肠道

*

01 / ESOPHAGUS 食管
02 / ESOPHAGEAL SPHINCTER 食管括约肌
03 / STOMACH 胃
04 / SMALL INTESTINE 小肠
05 / ILEUM 回肠
06 / RECTUM 直肠
07 / ANUS 肛门
08 / COLON（LARGE INTESTINE）结肠（大肠）

超重——尽管他们在食物短缺的时候会适应得更好。而不节约表型人使用其脂肪储存的速度更快，通常更瘦，但会更容易感到饥饿。

当啤酒进入嘴中，其成分开始在身体内环游【见图12.2】。先通过嘴部，再进入喉咙的咽部，然后滑入食管。喉部这两个区域有黏液，由于啤酒充满蛋白质和酶，当黏液中的酶开始分解啤酒的一些成分时，消化过程就开始了。就像许多其他分子一样，乙醇不受消化机器的影响，会顺利通过。但是，它可能会渗入嘴和喉的唾液腺，当其浓度足够高时，就会伤害这些腺体，从而阻碍其产生唾液的能力。乙醇还对食管黏液层中的一些酶有害。

消化的啤酒溶液穿过整条食管，最终遇到食管括约肌，它通向胃。如果运行正常，这一括约肌会让啤酒进入，同时仍然封闭胃的内部。但是消化大量乙醇可能会导致括约肌迟钝，使胃中的食物反向流回食管。这一回流导致令人不适的反酸，或烧心。

一旦到了胃里，啤酒开始与一些非常强劲的消化酶发生反应。胃蛋白酶是主要角色，而小的消化分子（比如盐酸）也同时存在。乙醇的许多组成部分不受这些分子的影响而通过，但啤酒的其他成分，比如碳水化合物和蛋白质会被分解。如果乙醇的浓度足够高，它会破坏正常的胃功能，可能产生过于刺激消化的酶而伤害该器官。任何胃中的食物都会吸收一些乙醇分子，防止它们在体内造成破坏并进入血管。

然后混合液进入小肠，在那里它的成分开始影响到脂肪的隔离。像乙醇和碳水化合物这样的小分子穿过小肠膜，进入血液。血液中碳水的存在会刺激胰腺产生胰岛素，可能发起储存脂肪的过程。如果你没有快速燃烧碳水，脂肪会在身体的脂肪细胞中累积。

我们中的许多人对腰线上部的隆起是熟悉的，它通常被称为啤酒肚，人们很容易误认为卡路里含量高的啤酒和其他液态酒是导致腰围增加的原因。事实上，麦德伦·舒茨（Madlen Schutze）及其同事们认为，喝啤酒导致腰围增加的可能性比不喝高 17%。但它比简单相关更为复杂。体重与臀围都与此有关——舒茨及其同事们认为，啤酒肚并不完全由饮用卡路里饮品引起。运动和燃烧卡路里的能力也密切关联。就像人类的大部分领域一样，每个啤酒肚都有一个曲折的故事背景。

乙醇对小肠和大肠的副作用之一是削弱这些器官的肌肉，使食物相对快速地通过。结果就是腹泻，以及肠道微生物群的紊乱。科学家们早就知晓我们的大肠充满细菌，而最近确定了居住于漫长肠道的不同微生物的数量，它们明显受到饮用啤酒的影响。2016年，格雯·法洛尼（Gwen Falony）及其同事使用粪便样本里保留的DNA检测了一千多个人的肠道微生物群，就像破案电视剧中使用DNA指纹确定罪犯一样。他们指出，饮用啤酒的频率对居住于肠道中的微生物有巨大的影响。这一不同使啤酒饮用者总体上更健康还是更不健康，仍是未知数。

到达血管的分子被送往消化系统的其他器官，在那里它们进一步被分解为营养物和能量。在来自啤酒的乙醇、碳水化合物和蛋白质这一旅程中最积极的两个器官是肝和肾。肾专家默里·爱泼斯坦（Murray Epstein）指出，我们的肾需要稳定的化学环境，而乙醇会干扰它。肾控制着身体的水，以及一些电解质，如硅、钾、钙和磷酸盐。如果这些电解质受到影响，这一器官系统就会非常不愉快。此外，肾中如果有太多的乙醇，对于制尿的荷尔蒙血管升压素是有毒的，它的受压会告诉肾管释放水，稀释肾正在产生的尿。被稀释的尿会导致血液中电解质的浓度上升，引发身体认识到处于脱水状态。这说明在饮用啤酒的同时饮水是比较好的，即使啤酒本身主要是由水构成的。

肝过滤血液，去除毒素和其他对身体无用的分子【见图12.3】。过滤是在肝的子单位小叶中进行的，每个成年人的身体大约有5万个小叶。遍布于肝的细小管增加小叶的表面面积，扩大其与血液的接触面。小管主要充满两种细胞。库普弗细胞去除细菌和其他大型有毒物质，而肝的主劳动力肝细胞从事广泛的工作，包括合成胆固醇，储存维生素和碳水，以及加工脂肪。

对于啤酒，肝最重要的功能就是代谢并过滤掉血液中的乙醇。

*

/ HEPATOCYTES
肝细胞
/ STELLATE
CELL
肝星状细胞
/ ENDOTHELIAL
CELLS
内皮细胞
/ KUPFFER CELL
库普弗细胞

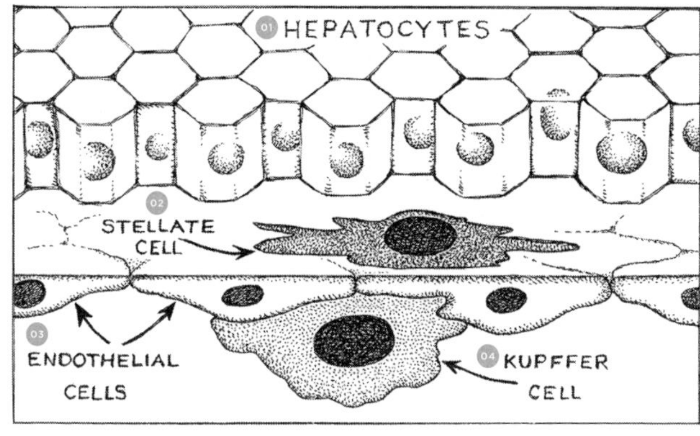

【图12.3】
肝细胞图。库普弗细胞是免疫细胞，去除细菌和其他大型物体。肝细胞承担肝中的大部分工作。肝星状细胞和内皮细胞也是肝整体结构中的一部分。

*

/ ETHANOL 乙醇
/ ACETALDEYDE
乙醛
/ ACETID ACID
乙酸

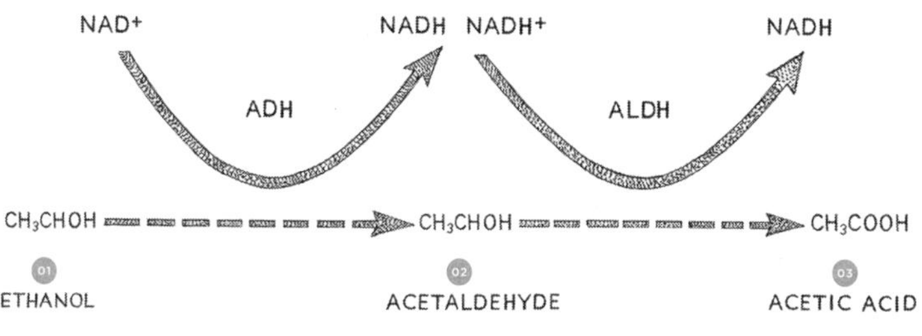

【图12.4】
在ADH和ALDH的作用下乙醇在肝中被分解。

乙醇在血液里越多，肝就必须越努力地工作——一些乙醇没有被过滤并最终到达脑部和身体其他器官的可能性就会更大。肝代谢乙醇取决于酒精脱氢酶，或 ADH（见第 1 章）。ADH 将乙醇分解成乙醛分子和一个氢离子。在这一过程中，第二个氢原子被强行结合到烟酰胺腺嘌呤二核苷酸（NAD）分子上，以产生 NADH。乙醛对于身体是有毒的，所以必须被快速降解。乙醛脱氢酶（ALDH）参与这一反应，产生乙酸和另一个 NADH 分子【见图 12.4】。乙酸是可以为我们身体耐受的，它也为多个器官系统提供碳来源。

正如第 1 章讨论的那样，在我们大部分的进化历史里，我们的祖先也许并没有摄入很多乙醇，这意味着ADH 和 ALDH 并没有为应对乙醇摄入而进化。相反，这两种酶原本是在代谢维生素 A（也叫视黄醇）时十分重要，后来才被窃用来代谢乙醇。视黄醇和乙醇有相似的形状，因此酶都可以运作、发展出这一新的双重功能。使用一个叫作细胞色素 P4502E1（CYP2E1）的酶，肝细胞还可以用第二种方法来代谢乙醇，将乙醇氧化为乙醛。这一酶通常并不大量产生。但是当不断浸泡在乙醇中时，肝会开动马力，大量生产它。不幸的是，过量的 CYP2E1与肝硬化相关，其中疤痕组织开始取代肝的正常功能组织。当肝硬化发生，肝萎缩随即发生，肝细胞开始死亡。马洛里小体会在肝上打洞，导致巨大的不可治愈的伤害——这就是为什么我们不能过量饮酒。

关于肝的两种酶与酒精依赖性的潜在关系被广泛研究，事实证明，在人类中，控制它们的基因有相当大的变异。ALDH 的突变体 ALDH2.2 在亚洲人种中发现的频繁很高（40% 的亚洲祖先拥有它）。ALDH 基因产生一种蛋白质，不能有效地将乙醛分解成乙酸。正如前面提到的，乙醛对于身体是有毒的；有 ALDH2.2 变异体的人如果喝啤酒，乙醛会在其组织中积累。会发生一系列生理反应，最明显的是脸红。有这一突变体的人要学会避免酒精，因为它导致不适甚至疼痛。CYP2E1 基因也有暗示需要避开酒精的变异体。这一基因产生的蛋白质在脑中活跃，而拥有变异体表型的人即使只有少量酒精在体内也会头晕目眩。如果他们足够聪明，在前几杯啤酒下肚后就要停止喝酒。

有突变体 CYP2E1 和 ALDH2.2 基因的人不太会成为酒鬼，原因显而易见。而其他人，任何酗酒的倾向都由非常复杂的因素决定。为了试图解读其基因基础，科学家们使用一种被称为全基因组关联分析（GWAS）的方法，比较几百个酗酒或不酗酒的人的全基因组序列。GWAS背后的初衷是，如果研究中被记录的酗酒者的基因组有着相似的变化，并与非酗酒者在这些方面有所不同，那么这些基因变化就可被视为与该疾病相关。全基因组关联分析在某种程度上被质疑，使用这一方法得到的结果应小心解读。但这至少说明了酗酒倾向不仅被许多基因控制，而且有非常强的环境因素。这意味着这一失调的具体基因基础也许不可辨识。当然，酗酒的基因原因仍是神秘的。老实说，每个人都应该对此保持警惕。

13

啤酒与大脑
Beer and the Brain

我们坐在两组 6 罐装西班牙伯爵龙（Er Boqueron）啤酒前，鼓起勇气来尝试进行一个假设，那就是有的啤酒可以使人不产生宿醉。瓶上的标签上醒目地印着“CERVEZA ELABORADA CON AGUA DE MAR”（海水啤酒），因为这一啤酒是用海水酿造的，其原理是水中的盐可以防止产生脱水，而脱水是宿醉的主要原因。啤酒本身的酒精含量只有 4.8%，对于鼻子和舌头来说都只有轻微啤酒花味，而且喝起来很醒脑。6 罐装很快就消失了，我们高兴地报告，第二天我们没有感觉到什么不适的后果——但是，谁知道再喝 6 罐会怎么样？另一种据说不会引发宿醉的啤酒是阿姆斯特丹德普拉尔酒厂的桶装酒。这一啤酒包含几种不常被酿酒者使用的原料（包括盐）：生姜、维生素 B12 和柳树皮。每一成分理论上都有防止产生宿醉的功能，但它们的功效仍需被科学测试，以排除安慰剂效应。我们准备进行这一研究。

伯爵龙免宿醉啤酒的酒精含量约为 5%，也就是每瓶里有 4 勺纯酒精。这是非常普通的啤酒。一旦啤酒被吞下，消化系统将其大部分分解成身体可以利用的粒子。在其穿行过程中，啤酒中的酒精会经过几个不同的器官系统；但终归有一部分没有受到影响，找到了进入血液的路径。血液会携带剩下的酒精分子到血管供应的身体各个地方，包括大脑。由于大脑错综复杂地充满了血管和动脉，酒精可以攻击许多角落。这 4 勺酒精进入血管及大脑的比例，取决于许多不同的因素。这包括个人的行为及基因构成。如果你刚吃饭，进入循环系统的酒精会减少，因为胃中的食物颗粒会吸收部分酒精。如果你继承的降解酒精的酶相对较弱，更多的酒精会到达那里。不管如何，效果是非常直接的。在第一杯啤酒后，你血液中的酒精含量也许在 0.02%：足够让你有一点晕。为了理解这种晕来自何处，我们需要对大脑有一些了解。

人类身体和大脑并没有被设计来应对大量酒精，虽然许多人比平均哺乳动物的耐受力要高得多(见第 1 章)。对于大部分人来说，6 瓶酒精含量为 4.8% 的啤酒是过量的。人类的生理机能对酒精的主要作用是将其分解并去除它，因此当我们饮用啤酒——或其他任何酒精饮品——到喝醉的时候，基本是因为酒精打败了这一分解系统。

一旦酒精分子到达大脑，它可以进入血管到达的任何地方，由于我们继续喝啤酒，身体加工酒精的速度会更慢，当我们血液中酒精含量升高时，它们会相对更多地到达脑部。人类的大脑是神奇的器官，它在几亿年来从简单得多的结构进化而来，尽管进化显然不是通过寻找完美工程学解决方案来前进，但一些工程学比喻可以帮助我们解释它是如何发挥功能的。

基本上，如果大脑想有效管理身体，需要解决两个主要问题。一是使身体多个不同结构相互沟通，二是使组成我们组织的细胞之间进行沟通。大自然提供神经系统来解决第一个问题，它有一点像家里的电路，有长的、电线一样的神经，将周边器官连接到大脑。当邻近的神经细胞受到其邻居的刺激时，神经通过传播化学和电子信号，协调大脑和其他器官。

人类大脑的质量平均约为 3 磅。如果你把它拿在手里，会觉得就像拿了一手果冻，它会逐渐从你指缝中滑走。但你还要注意其外皮上有许多褶皱。这些褶皱是因为大脑的外层就像一块厚布，必须蜷缩起来才能待在头骨里。而褶皱形成脑回（褶皱中暴露于外的部分）以及脑沟（褶皱隐藏在内的部分）。这一折叠起来的平面上的细胞是互相联系的，使大脑成为酒精分子攻击的主要对象。当你喝下 6 罐啤酒中的第三罐时，血液中的酒精含量大约为 0.05%，当酒精分子开始渗透进大脑更深处时，你会觉得愉快且头晕目眩。大部分国家法律上将醉酒定为酒精含量达 0.08%，而这时你已经超过了这个数值的一半。

关于大脑最简单的认知就是分隔其皮层，也就是覆盖其上部和边缘部分，以及两边的中下部分。尽管通常标榜的左右脑的许多区别被证明只是传闻，但其中确实有一些比较重要。比如，语言和语言理解基本总是集中于左脑。但是，这本身对于理解啤酒如何影响大脑并没有多大用处，因为酒精并不分左右手，它以相同的随意性渗透进大脑的两边。

这里更重要的是，每一边脑都进一步被分为 4 个部分【见图 13.1】。这使大脑的外部表面共有 8 个脑叶，每一个都可能受到酒精的影响。在大脑前端、额头下面的是额叶。就在额叶后面的每一边是顶叶，再下面是颞叶。最后，枕叶在大脑的后部。大脑这 4 个主要部分的作用是不同的，即使在每个脑叶内部也是如此。但每个脑叶还有一个主要的功能，如果我们要理解啤酒对大脑的作用，需要对此有所了解。

*

1 / FRONTAL 额叶
2 / PARIETAL 顶叶
3 / TEMPORAL 颞叶
4 / OCCIPITAL 枕叶

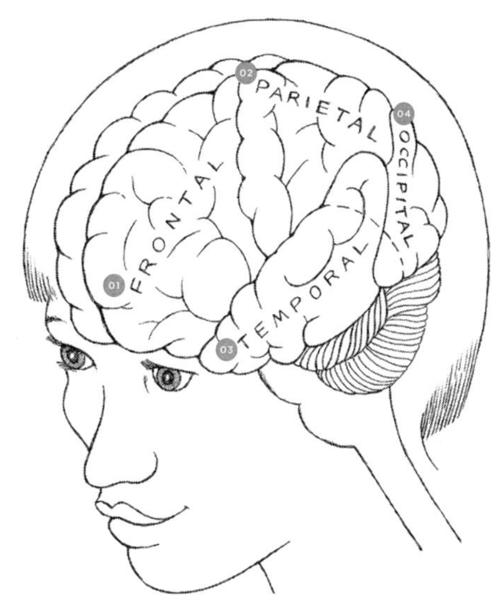

【图13.1】
大脑的四个脑叶：额叶、顶叶、颞叶、枕叶。

额叶是做出意识决定的地方。顶叶则是大脑感觉和动能部分的所在，对于我们感觉和反应对外部世界是必须的。（通常是）左颞叶两个重要的次区域根据发现其的科学家命名：保罗·布罗卡（Paul Broca）和卡尔·维尼克（Carl Wernicke）。它们分别与语言表述和理解相关。最后，大脑后部的枕叶负责视觉加工和反应。每个脑叶的细胞都暴露于来自啤酒的酒精分子。

大脑 4 个主要脑叶均由几十亿个神经元细胞组成。它们相互连接，形成信息穿行的通路。邻近的神经元通过突触相互交流。使信息穿过突触的是所谓的动作电位，即从一个神经元到下一个神经元的电荷【见图 13.2】。这些电子信号不仅在脑中穿行，也穿行到脑外，将指令传递到身体的不同位置，并将信息再传回大脑（见第 11 章）。在大脑内部，它们合成我们对外部世界的认知，创造我

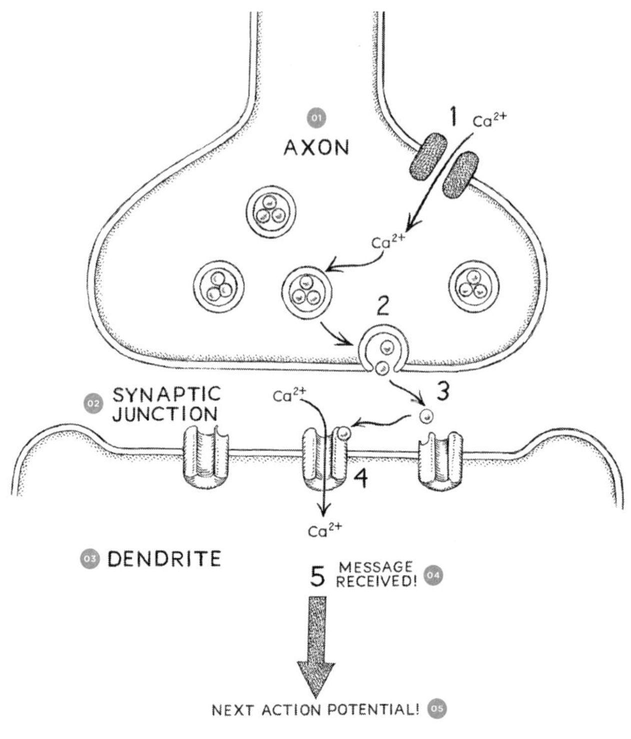

*

01 / AXON 轴突
02 / SYNAPTIC JUNCTION 突触连接
03 / DENDRITE 树突
04 / MESSAGED RECEIVED 信息接收
05 / NEXT ACTION POTENTIAL 下一动作电位突触工作概况

【图13.2】

突触前轴突细胞位于突触后细胞（树突）旁，被突触连接所分隔。轴突细胞膜分布有穿行于它的离子通道（1），像钙这样的离子被运送穿过膜，在突触前细胞改变离子浓度。这相应地从细胞（2）中释放小分子肽（神经肽）。神经肽然后行进至突触连接（3），在那里与植根于树突细胞膜的中枢接收器（4）发生反应。当神经肽绑定接收器时，就会开启一条通道，使更多的像钙这样的离子进入树突。这相应地启动了一个电子信号（5），穿行于树突中，并进入下一个中枢细胞。

们的整体意识感觉——尽管没人知道它们是如何完成这一庞大工程的。

另一个思考大脑结构的方法是大脑组织的颜色：著名的白或灰细胞（或质）。白质是由几十亿个被称为轴突的神经细胞组成的，它们非常像电线，是绝缘的，穿过大脑的内层。而外部区域，或灰质，也是由几十亿个细胞组成，但其组织比白质更为复杂，因为它还存在另一种神经细胞树突。树突与白质的神经纤维（轴突）通过突触相连，而树突相互之间的系统也有无穷数量的连接。灰物的连接对于大脑加工感知器官提供的关于外部的数据来说十分重要。它们对于动作反应、记忆、情感反应和其他更高级的神经功能也非常重要。所有这些活动取决于神经传递信息的速度，而它有可能深受酒精分子的影响。

第三种观察大脑的方法是进化的。在这一观察角度中，大脑有三个部分，但这一次是从内向外的。通俗上讲它们分别被称为爬虫脑、缘脑和新皮质脑，这是在进化过程中依次获取的。最里面的爬虫脑包括小脑和脑干，前者与感觉和动作过程都相关，并加工和控制我们的基础移动，后者控制我们的基本身体功能。缘脑系统位于爬虫脑之上，由许多更小的神经中枢群组成，比如海马体、丘脑和杏仁核，它们在情感和更高级的大脑功能中都十分重要。大脑的激励中枢会极大地受到酒精的影响，它也位于这个区域。最后还有最外面的皮质层，这里是更高级的理性思考发生的地方。

大脑细胞需要相当多的营养（1.5 千克的大脑也许会用掉 100 千克的一个人所消耗能量的 25%），大脑所有三个部分的神经都通过精致的血管网络提供营养，后者非常有效地向它们传输氧气和酒精。当你喝到第四罐啤酒时，你血液中的酒精含量将会在 0.065%，你已经非常接近法律上定义的醉酒。所以让我们看看这些小酒精分子如何创造了著名罗马演讲者赛涅卡所称的“自愿疯狂”。

想象神经元细胞前后相互沟通，从大脑最深层到表面，从一个脑叶到另一个脑叶，从外部的灰质到内部的白质，从左脑到右脑，从大脑的最深处到边缘系统，以及在不同的负责具体任务的神经元细胞（核）群之间。大约有1 000亿个这样的细胞，每一个都有可能与其他神经元有15 000个连接。这意味着大脑平均有100万亿个连接。即使考虑到年龄（我们在老化的过程中会损失突触）和性别差异（女性的突触少于男性），连接数量也是现象级的，远超过银河里星星的数量（只有4 000亿）。

脑部和周边神经系统的突触将信号从一个细胞传递到另一个，使以信号编码的信息可以来往大脑，并且在大脑中运行。如果对这些信号穿行的方式没有进行控制，我们就会处于极大的电子混乱之中。对信号的恰当控制取决于突触良好地发挥功能，而酒精可能对此有巨大的影响。细胞主要通过分子互动相互交流，而通过突触的动作电位使用离子作为信号货币。最常参与的是钠和钙离子（Na^{+}和Ca^{2+}）。如果动作电位可以从一个细胞跳到另一个，穿越两个细胞膜就会变得非常容易。但天啊，突触并没有进化出单一简便的方法，将来自前突触细胞的动作电位传递给接收它们的后突触细胞。相反，在每个前突触细胞中有囊，包括小的分子神经递质，而在每个后突触细胞膜中有几百个或几千个小蛋白【见图13.2】。其中一些蛋白分子形成小毛孔，或离子通道，有电极的化学离子可以通行。其他的蛋白分子则有非常具体的结构，可以绑定神经递质分子。

离子通道通常是不活跃的，直到它们所栖息的前突触细胞达到关键的离子浓度。这一浓度是由到达细胞的外部信号引起的，比如来自某一感官（舌头、眼睛、鼻子等）。当关键浓度达到后，囊就会在突触中移动并迸裂，释放神经递质到两个细胞之间。神经递质然后绑定受体分子，被绑的受体打开离子通道的毛孔，离子可以穿行。然后后突触细胞中的新动作电位就被穿过离子通道而累积的离子所创造，而神经递质会与离子通道蛋白松绑，快速回到前突触细胞，这一过程叫重摄取，而整个过程将会再次开始。

我们血液中的酒精浓度现在上升到 0.081%，来自 5 罐啤酒的酒精已经潜入这些突触区域，开始有一些诡异的效果。首先，酒精分子引发愉快的晕眩。但当我们继续喝酒时，晕眩让位于奇怪的快感，最终失去物理控制。发生了什么？

不同的神经递质是动作电位的关键控制者。有五十多种不同的神经递质的类型，每一个都有自己的受体。根据被释放进突触的神经递质的类型，会发生不同的反应。一方面，一些神经递质是刺激型的，这意味着它们会使大脑和神经系统的突触更为活跃。它们会加速发送动作电位，并充当大脑的刺激源。另一方面，一些神经递质是抑制型的，它们会阻止动作电位，所以突触的发送会放缓，反应会变迟钝。更重要的是，递质重摄取的速度也会发生变化，从而改变突触发送的频率。

啤酒是一种复杂的饮料，它的成分也许对大脑有微妙的影响。平均来说，啤酒的 95% 是水。酒精以不同的浓度存在。没有被过滤的啤酒会包括酵母，很可能还有一些细菌。还有一些啤酒酿造的副产品，比如酚、α 酸（葎草酮）、β 酸（蛇麻酮）、色素分子和许多发酵的其他产品。除了酒精，还有许多化合物会最终到达大脑，并有可能影响它。

但是，由于酒精的影响是非常巨大的，让我们看看这些小分子是如何作为一个整体在大脑中旅行的。受到酒精影响的其中一个神经递质是谷氨酸。这个小分子是刺激型神经递质，通常会提高突触的积极性和大脑中的能量水平。当突触中的酒精含量足够高时，它会减少前突触细胞释放的谷氨酸量，从而减缓突触的发送。

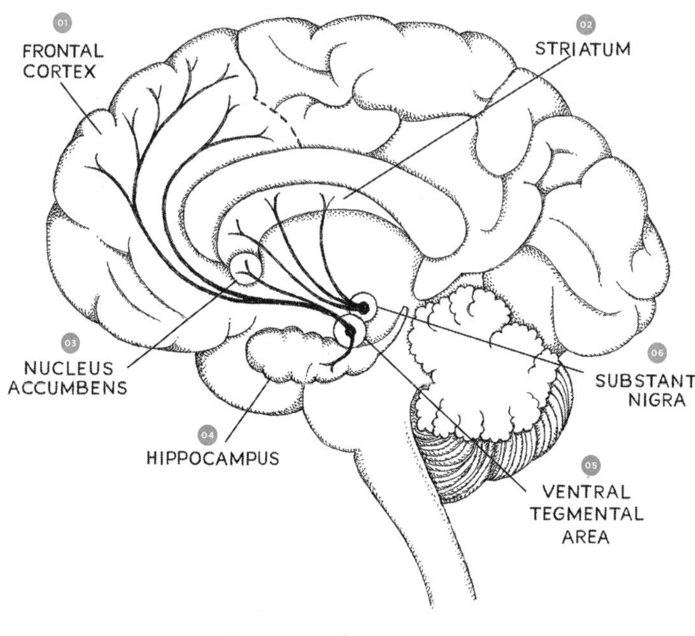

*

01 / FRONTAL CORTEX 额叶
02 / STRIATUM 脑纹状体
03 / NUCLEUS ACCUMBENS 伏隔核
04 / HIPPOCAMPUS 海马体
05 / VENTRAL TEGMENTAL AREA 腹侧披盖区
06 / SUBSTANTIA NIGRA 黑质

【图13.3】
大脑的激励中枢。脑纹状体位于大脑激励系统的中心，与大脑其他一些区域发生互动，正如图中所示的那样。这些区域包括额叶（我们做决定的地方）、伏隔核和海马体（它调节记忆）。

这相应地会减缓大脑不同子系统之间的沟通，阻碍协调。在抑制型神经递质方面，酒精促进非常重要的 γ－氨基丁酸（GABA）的活跃程度。这一分子阻止动作电位，从而减缓突触。从表面上看这有一点像某些镇静剂，如阿普唑仑（Xanax）和安定（Valium）对大脑的影响，但事实证明，酒精与这些镇静剂的工作方式不一样。镇静剂提高 GABA 的生产，而酒精增加 GABA 对突触的影响。

总体上来说酒精是抑制剂，所以当你喝醉时，就倾向于睡觉。但酒精还有奇怪的刺激效果，通过大脑的激励中枢运作，它位于缘脑系统【见图 13.3】。酒精提高神经递质多巴胺的释放，它的水平在令人愉快的活动中会增加，使我们寻求更多的它。酒精因此骗取激励中心渴望更多的酒精——即使酒精增加的最终效果是抑郁。这是神经逻辑的22条：你饮用更多啤酒，因为你的多巴胺水平上升，但是当你饮用那些啤酒时，你的神经系统会增加抑郁的感觉。

这一情境的发生也许正是饮下6罐装中最后一罐的恰当时刻，这会使我们的血液酒精浓度上升到0.093%，远高于醉酒的法律标准，也是评估啤酒对我们产生的神经影响的好时刻。

在喝完6罐啤酒后，大部分人会觉得有点困，反应变慢。我们说话不清，可能会说些不合适的东西。我们变得非常无拘无束，因为大脑中的酒精浓度已经开始影响额叶，那里是我们做出决定和控制行为的地方。酒精增强我们的GABA，削弱突触对谷氨酸的授受，导致额叶神经减缓释放速度。当然，多巴胺的释放也许会引诱我们再喝6罐。但当我们几乎撞翻桌上的一个杯子时，就能意识到酒精也入侵了我们的小脑，使我们失去协调能力。于是我们也许会觉得再喝下去可不是个好主意。更重要的是，我们内耳的平衡器官也开始浸于酒精分子中，这使它们无法发挥功能，让我们觉得房子在旋转。

由于我们还会觉得有一点累，也许决定回家。这一决定主要是由酒精的总体抑制性质及它对大脑所有部分的谷氨酸和GABA接收的影响所带来的——特别是大部分影响位于脑干，它的回应则是许多身体功能受到干扰，包括呼吸。正是大脑脑干受的影响发出我们很困的信号。

但是如果仍有足够的多巴胺在活跃，我们也许决定开始第二个6罐装。在这种情况下，我们也许正处于这章开始时所提到的宿醉风险中：这种不幸的情况不仅是由伯爵龙酿造者所担心的脱水造成的，也是由大脑血管的膨胀造成的，这一影响是因为酒精倾向于降低人体的代谢功能。

即使你决定不再喝第二个 6 罐装，也不能保证你会避开可怕的宿醉。这是因为酒精还影响位于脑部下部的脑垂体腺。这一神经组织小球体负责制作荷尔蒙，在控制身体发挥适当功能时起到各种作用。太多的酒精会使垂体停止制造制尿荷尔蒙升压素。这一荷尔蒙告诉你的肾应该做什么，通过关闭升压素的产生，脑垂体指示你的肾直接将生产的水送往膀胱，绕过身体的其他部分。因此，你的膀胱被填满，你去厕所的频率更频繁，身体其他地方缺少可用水会导致一系列不良效果。身体里奇缺水，而每个器官都自私地储存它可以获取的水。大脑在这方面很不擅长，所以它在无情的水的竞争中受到最大的伤害。它缺水，从而萎缩，拉扯相邻的将其与头骨分隔的组织和细胞膜。这是一种持续的拉扯，导致宿醉时所体会到的头疼。这就是为什么我们要对免宿醉啤酒进行无休止的寻找。

PART FOUR

FRONTIERS, OLD AND NEW

传统、老与新

第四部分

14

啤酒进化树
Beer Phylogeny

在做完啤酒进化树整合后，我们迫不及待地品尝这一意大利美酒，它神奇地结合了我们所确定的三大啤酒分支。在匀称的棕色瓶中栖息着一种极为不同寻常的啤酒，它融合了比利时大麦啤酒风格的烟熏艾尔、在苏格兰威士忌桶中熟化的烟熏三月啤酒和布雷特啤酒。“白日梦”，过大的瓶盖上这样写着。酒头快速消失，正如我们期待的来自布雷特的影响那样，我们杯中浓密浑浊的黄色液体散发出康塔尔奶酪、泥炭，当然还有酒香酵母的浓烈香气。味蕾上酒香酵母嘈杂的味道让人深深着迷，但无法描述。这明显不是任何人都能欣赏的啤酒，但绝对令人难忘。

人类的大脑有一种深层的制造联系的需求，许多读者看到T恤和海报上装饰着奇妙的代表啤酒不同风格的谱系图表。我们最喜欢的几种之一来自 popchartlab.com。这个海报是真的谱系，因为它展示了啤酒的祖先和后代，还有一些交叉的联系，使谱系不那么像树，而更像网。尽管图中的65种艾尔和30多种拉格代表着啤酒的两大“家族”，有一条线连接艾尔与拉格，暗示存在着并没有在图中标出的所有啤酒的“祖母”。表中的表亲关系是特别有趣的，包括科什、奶油艾尔、黑啤、加利福尼亚普通和巴尔干波特，它们都同时具有艾尔和拉格的特点。

为什么我们提到这些其实具有装饰性的图表？这些海报的创造者们试图从视觉上展示啤酒的关系，但扭曲了我们的专业神经末梢。科学家花了70年的时间来探讨生物体之间的关系，比如古代人类、狐猴、果蝇、细菌、植物以及人类是怎么来的，我们在这些海报中看到一些谱系分析的美好，以及我们领域所面临的更神秘的挑战。

系统论者是那些试图在生物圈区分出生物体种类及其关系的科学家，一直使用谱系（进化）树来代表这些关系。也许第一棵这样的树是由法国博物学家、拉马克骑士让-马普蒂斯特·皮埃尔·安托万·莫奈（Jean-Baptiste Pierre Antoine De Monet）在1809年发表的【图 14.1】。由于拉马克也是第一个认为生命会随时间变化的科学家，也许他做了一些我们今天避免去做的事情就不那么奇怪了：他将仍然存活的分类单元放在了树的节点（祖先点），暗示一些仍然存活的群体已经转化成其他群体。这是所有啤酒海报者也会做的事情——对于谱系来说没问题，但对于进化树来说并非如此，因为那里的祖先是假设的，或至少是化石。

1836年，在私人笔记本里，查尔斯·达尔文（Charles Darwin）更新了他著名的分支“我认为”进化树【见图 14.1】。他试图使用假设

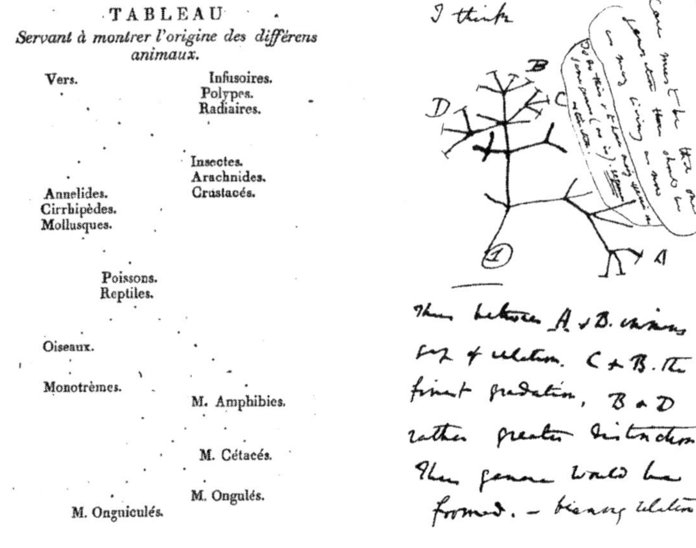

【图14.1】
左：拉马克1809年的“树”图。注意“M.两栖动物”位于树的节点上，被视为“鲸类”和“鱼类，爬行动物”间的过渡形式。右：达尔文的“我认为”树暗示树顶端的分类单元是现在存活的生物，而节点是祖先。

的分类单元（生物体），用图来解释进化如何进行。但是，他认为树枝顶端应该是还存活的生物，而节点是祖先。达尔文在其1859年出版的《物种起源》一书中正式提出将谱系树作为祖先—后代关系的明确表达，事实上正是他创造了“伟大的生命之树”这一诗意的比喻。

谱系树长久以来都被用来研究生物体的进化。它们在生物进化中极为有用，这有很多原因，包括它们展示出具体实体是如何相关的，祖先是如何进入进化图的。所以，面临啤酒的丰富性——对于啤酒爱好者来说至少是这样——就像生命的多样性一样灿烂时，我们想到也许使用系统方法来研究这些啤酒的进化会具有指导意义。当然，啤酒并不像生物体那样进化，但在文化和生物领域中的进化却有着非常相似的模式。事实上，语言学家沿用树状结构来表达语言间的关系，通常他们使用的技术与生物学家创造的极为相近。

我们在那些海报和T恤上看到的啤酒谱系是建立在相关产品的海量信息上的。在这方面它们非常像半个世纪前构造的典型进化树：专业人士凭直觉使用其精深的专业技能来实现。然而，这类东西不能一直沿用。20世纪60年代，新一代系统学家开始抱怨这一过程是不科学的，是基于感觉而非真实的数据。他们开始寻找更客观的替代品。

20世纪60年代总体上是个混乱的年代，系统科学也不例外，出现许多内部争斗，有时是互相谩骂。最终，三种基本造树方法出现了，并且沿用至今。其中一种方法是简单地寻求生物体在各方面与另一个的相似性，使用这些相似性的总和来造树。你将所有感兴趣的物种的不同（相似的反义）成对地列出来，看看哪些不同是最小的。拥有最小不同的被放置在树的第一个节点上。接下来与前两个最相近的被放在该组最近的亲戚上，依次进行。这一处理方法被称为距离法，它与另外两种方法不同，它把所有信息整合成相似（或距离）衡量。

另外两种方法是在分析中使用生物体的不同信息（被称为性征，或性状特征），并评估个体性征如何讲述进化故事。两种方法都与树形（分类学）相关，试图评估不同的性征如何在分析中适应所有可能的物种安排。在最大简约法中，最适应所有性征的树被认为是最简单的，也是对数据最好的解释。最大似然法也是逐一分析性征，构建所有可能的树，并使用可能性来决定哪棵树是最佳的。这一方法要求你有一个性征进化的先验模型（也就是说，你评估已有数据的可能性，不管是树还是模型）。它相对直接地为分子变化构建先验模型，但在解剖结构中更为困难。因此，由于使用性征来给啤酒分类比解剖更有可比性，我们将不使用最大可能性，而专注于最大简约法。

让我们更仔细地看看最大简约法。比如我们要“系统化”三种啤酒：美国拉格、比利时 IPA 和维也纳皮尔森。任何啤酒迷都知道这一行为的结果，但请与我们一起忍耐，因为分析的方法是很重要的。首先我们需要了解，只有三种啤酒的树是没有意义的，除非我们决定树根——也就是祖先——所在的地方。

有这三种啤酒在其中的树会看起来像【图 14.2】左边的图一样。很难争辩这里有多少信息。但当你将树根定为这三个分枝的其中之一，就像【图 14.2】右边的图展示的一样，它立即使另外两个分枝出现明显的相互关联。也就是说，树根的位置对于其传递的进化信息非常重要，而放置树根的方法有很多。可以像我们做的那样，武断地选择一个分枝，但并不客观，也不可重复：其他人也许会说，“我想树根应该在这里”，那么可重复性就没有了。也就是说，只根据你自己的专业知识来选择，并不能得到一个好的树根。那么唯一前进的方法就是加入第四种饮品，并将树根放在它的位置上。这种方法叫外群置根法，要求存在被审视的三种“内群”啤酒之外的另一种啤酒（相对关系没那么密切）。在这一操作中，大麦葡萄酒完美地符合这一要求。

下一步是为 4 种啤酒产生一个性征矩阵。这一性征矩阵是分析的中心，它包括所有可能有用的信息。如果我们为一组生物体做这样的分析，我们会从头到脚地检测它们，试图将其行为性征化，并对其进行 DNA 测序，正如第 7、8、9 章中对大麦、酵母和啤酒花做的那样。啤酒的 DNA 对我们没有什么用，因此我们需要群内三种啤酒和外群啤酒的其他信息。这里就是有趣的部分了，因为只有

*

1 / AMERICAN LAGER
美国拉格
2 / VIENNA LAGER
维也纳拉格
3 / BELGIAN IPA
比利时IPA

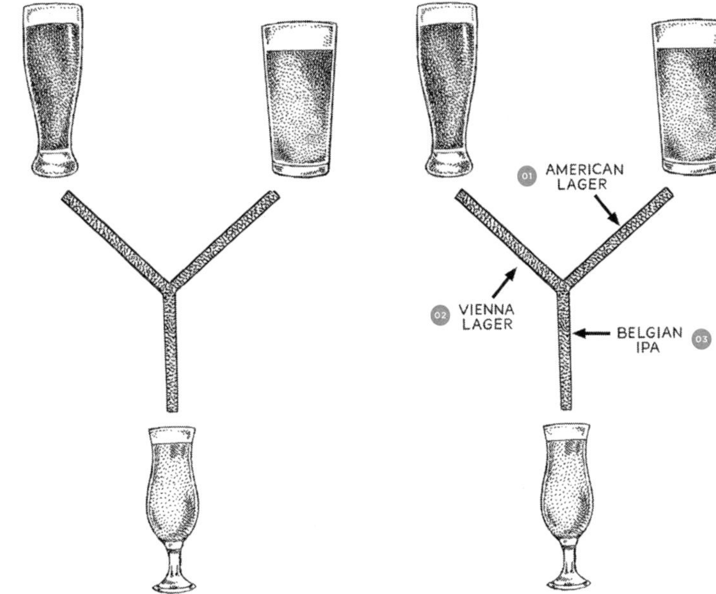

【图14.2】
三种啤酒的无根树：维也纳拉格（VL）、美国拉格（ALl）和比利时IPA（BI）。三种啤酒的三个潜在树根位置用箭头标出。如果树根在AL，那比利时IPA和维也纳拉格是彼此最近的亲戚。但如果树根在BI，那维也纳拉格和美国拉格是彼此最近的亲戚。第三种可能是树根在VL，这意味着美国拉格和比利时IPA是彼此最近的亲戚。

三种啤酒，我们可以轻松地坐下来每种喝一瓶，以得出其味觉性征。但由于啤酒有一百多个主要品种，我们需要采取捷径。

幸运的是，啤酒评审资格认证（BJCP）出了一份文件，列出了一百种左右风格的啤酒的具体特点。这份文件包括我们构建谱系分析矩阵所需的大部分啤酒风格信息。其中最重要的是被BJCP称为标签的信息。它们描述了酒力、发酵酵母、颜色、产地、风格、家族和主要口味的性征。比如，颜色有三种状态：浅、琥珀或深。还包括原始比重和最终比重、国际苦味单位、以数量单位计算的酒精以及更量化的颜色测量标准——SRM（标准参考方法）。通过梳理这

【表14.1】

	酒力	颜色	发酵酵母	产地	风格	主要口味
大麦葡萄酒	高	琥珀	顶部	北美	手工	平衡
比利时IPA	高	浅	顶部	北美	精酿	啤酒花
美国拉格	标准	浅	底部	北美	传统	平衡
维也纳拉格	标准	琥珀	底部	中欧	传统	平衡

份指南，我们可以收集约二十种有用的性征来构建这一百多种啤酒的谱系。

从具体啤酒种类的配方中可以获取更多的性征。幸运的是，也有一个为此而存在的数据库——BeerSmit.com 网站，存有不同风格啤酒的几千种配方。这一数据库也提供味道评级、酵母和大麦使用品种以及更具体的发酵信息等性征。

我们以 3 个标签性征为例，以说明最大简约法如何运行，最终如何构建啤酒谱系。让我们先使用 6 个 BJCP 标签特点：酒力（非常高、高、标准或平常）、颜色（浅、琥珀或深）、发酵酵母（顶部或底部）、产地（北美、中欧、东欧、西欧、英国或太平洋）、风格（传统、精酿或历史）以及主要口味（平衡、啤酒花、酸或苦）。3 个群内啤酒和 1 个群外啤酒的特点展示在【表 14.1】中。

接下来，为了使分析更容易，我们重新编码性征状态。寻找只有 3 个内群啤酒和 6 个性征的最佳谱系树是相当直接的，但是当更多啤酒添加进来，可能建树的数据成比例增加。因此，如果我们最终想研究一百种左右的啤酒种类，意味着我们需要看 10^{100} 个不同的树。这需要超大型计算机来完成。不过，我们可以给电脑编程，处理类似“浅”和“底部”这样的性征状态，给这些状态一些数

【表14.2】

	酒力	颜色	发酵酵母	产地	风格	主要口味
大麦葡萄酒	1	0	1	1	1	1
比利时IPA	1	1	1	1	1	0
美国拉格	0	1	0	1	0	1
维也纳拉格	0	0	0	0	0	1

值，电脑就可以更容易地处理它们。相应地，对于酒力，标准为0，高为1；对于颜色，琥珀为0，浅为1；等等。我们的矩阵就会像【表14.2】里展示的那样。

接下来是谱系研究真正严肃的部分——测试性征有多符合可能的树。我们已经看到最终要做的啤酒的广泛分析需要审查 10^{100} 种不同的树，幸运的是，3个内群啤酒我们只需看3棵树，如【图14.3】所示。大麦葡萄酒被设置为外群。

让我们看看【图14.3】里居于3棵树上的6个性征。对于酒力性征【见图14.4】，我们的外群成员评分为“高”，按照从高到标准计算，左图AL+VL树在AL和VL节点之前发生一次变化。但在中间的AL+BI树中，要变化两次：一个在AL+BI节点上面的AL枝上，另一个在VL枝上。同样，右图的AL+BI树也要变化两次，一个在VL+BI节点上面的VL枝上，另一个在AL枝上。如果酒力是我们唯一观察的性征，我们得出的结论是AL+VL树是最简约的，因为它只需要发生一次简单变化，而其他的需要发生两次变化。酵母和风格性征情况相似，因此我们实际上有3个性征来支持AL+VL树。但是，颜色的模式不同，AL+BI树只需发生一次变化，而另外两棵树各需两次变化。产地和味道是生物学家所称的谱系无意义信息，因为它们放入3棵树所需的变化步骤相同，并不能帮助我们决

【图14.3】
比利时拉格+比利时IPA3种啤酒问题的3种可能树。左图的树意味着美国拉格与维也纳拉格是最近的。中间的表示美国拉格与比利时IPA最近，而右边的意味着比利时IPA与维也纳拉格最近。该问题的最好解决办法是加入一个外群啤酒。由于外群啤酒对于每棵树都是一样的，所以它没有被显示出来。

*

01 / AMERICAN LAGER + VIENNA LAG
美国拉格 + 维也纳拉格
02 / AMERICAN LAGER + BELGIAN IPA
美国拉格 + 比利时IPA
03 / VIENNA LAGE + BELGIAN IP
比利时拉格 + 比利时IPA

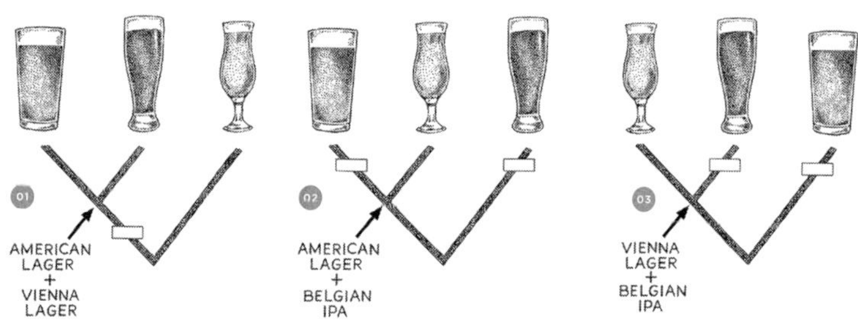

【图14.4】
将“酒力”性征放入3个可能的啤酒谱系中。白色条状意味着树从“高”到“标准”所需要发生变化的地方。左图的谱系要求1个变化，发生在通往AL+VL节点的分枝上。另外两棵树需要两个变化，如图所示。注意这对于“酵母”和“风格”性征来说是一样的模式。

定哪棵树更好。

观察此时这 3 种啤酒的问题有两种办法。第一种，有 3 个性征完全符合 VL+AL 树，有 1 个性征完全符合 VL+BI 树，没有支持 AL+BI 树的。第二种，VL+AL 树要求 5 个变化，VL+BI 树要求 7 个变化，而 AL+BI 树要求 8 个变化。不管是哪种方法，VL+AL 树都赢得了竞争，我们可以称之为最简约的。

当然，这一关系符合我们对这些啤酒已知的情况。两种拉格——足够自然了——是使用拉格的方法，都使用底部发酵的酵母，也都是传统酿造方式。最大简约树还告诉我们，颜色变化了两次，意味着颜色也许并不是回答这一特定谱系问题的优质性征。这一原因是生物学家所称的趋同。趋同现象在进化生物学中极为有趣，其提供了一个著名的例外：相似的特点（趋同）可能在不同谱系中独自进化，以应对相似的问题。鸟、蝙蝠、翼龙，以及一些昆虫都有翅膀，但这并不是因为它们关系相近，从共同的祖先那里继承了翅膀。仅仅是因为它们全部会飞。

当我们进一步分析 103 种风格的啤酒全矩阵（BJCP 包括的主要家族和风格，以及在 popchartlab.com 谱系中找到的基本风格）时，自然会更困难一些。首先，我们以什么为外群？这是个难题，因为如果我们选择一个太远的外群（比如牛奶），树根就变得随意和没有意义，如果我们从啤酒中选择一个作为外群（比如大麦葡萄酒），我们就有人工地将树根放置在它旁边的风险。作为妥协，我们试图用两种相对亲近的饮品来确定树根——草药酒和葡萄酒。其次，像已经提到过的，还是单纯的计算困难，涉及检测 10^{100} 棵不同的树。计算出这么多树的解决方案提出了数学家和计算机科学家称为 NP 完全的问题：即使知道这一问题有最终解，但我们没有找到它的计算能力，所以必须另寻出路。也就是说，有这么多棵树需要检测，我们需要使用捷径，以消除那些绝对不会成为解决方案一部分的大量的树。

一种确立树根的捷径就是简单地将树根放在两个较大的啤酒群间（比如说拉格和艾尔），所有其他的啤酒都可以归于其中。但

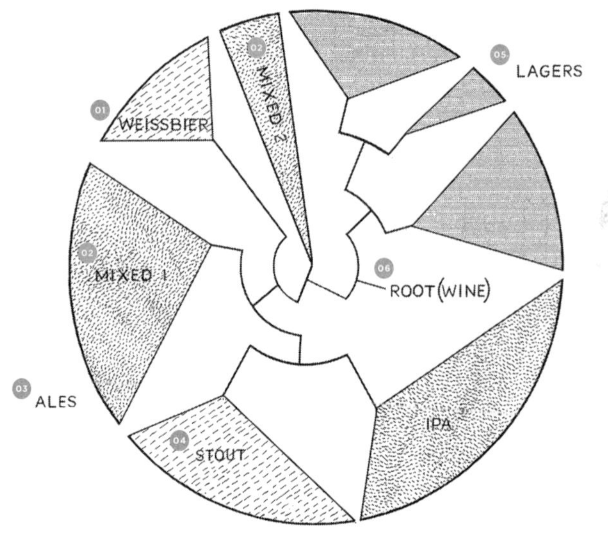

【图14.5】
啤酒谱系树，通过加入葡萄酒来确定根的位置后得出。在艾尔进化树上的3个可分辨“单系”啤酒群是世涛、IPA和白啤酒。我们也将拉格分为三组，将在文中讨论。

*

01 / WEISSBIER 白啤酒
02 / MIXED 混合
03 / ALES 艾尔
04 / STOUT 世涛
05 / LAGERS 拉
06 / ROOT(WINE 根（葡萄酒）

是我们就会落入专业知识陷阱，假定了我们希望发现的答案。因此，在这样放置树根之前，我们要确定每个群的真实统一性。在我们开始分析前的最后一个警告是：啤酒谱系的性征数量是有限的，改变分析方式（从分析中减少性征或啤酒）会产生不同的树。这并不意味着这一方法是不理想的，它强调一个重要的问题，那就是进入分析的假设对其结果来说是极为关键的。

最终，我们仍使用 BJCP 标签性征做了两个分析：一个是将草药酒作为外群，一个是将葡萄酒作为外群。葡萄酒的评分是很难的，因为它与啤酒的酿制极为不同；最终，半数以上的性征不得不被评为模糊或缺失。这有时会发生在谱系分析中，特别是包括不完整化石时，但幸运的是，已有编程方法来处理这一问题。最终，两个分析都显示拉格和艾尔形成了清晰和良好的群。我们将有葡萄酒的树根呈现于【图 14.5】中。它显示拉格啤酒来自树中单一的节点，而艾尔来自另一个。这确认了拉格和艾尔的深度分离——它也可以顺便证明在没有任何外群的情况下，在艾尔和拉格间放置树根是正确的。艾尔和拉格从独立的单一节点向外放射回应了生物的单系现象，所有特定群中的物种都来自一个独特的共同祖先。

发现艾尔和拉格是单系的，确认了初期关于这些群是同种的想法。在我们为艾尔所设的两种不同根部的树之间，也有一些令人满意的相似性。比如，IPA、世涛、酸啤、历史啤酒、比利时艾尔、美国艾尔和白啤酒全部形成非常好的单系群组。但是尽管艾尔在两棵树中都形成单系大群，在两棵艾尔树中仍存在 IPA、黑啤和白啤酒的某些不同。由于啤酒风格的分类方式有许多种，主要类别之间的不同很难从这一分析中确定。但是在这种不确定中，我们仍能数出 12 个主要艾尔群，一些丰富多样，而另一些最多只有 3 种风格。

我们的谱系与那些印在 T 恤和海报上的谱系图有所区别。比如，popchartlab.com 的谱系显示了三大拉格分枝：美国、德国和皮尔森。我们的谱系有 4 个分枝：国际（美国拉格）、捷克拉格、博克（双料拉格）和皮尔森。一个涉及拉格的奇怪之处是科什被囊括在这一组里。这是很奇怪的，因为科什是顶部发酵的，并没有被拉格化。那么，科什似乎在我们使用的不同啤酒性征上与拉格重合，这可以解释其在 popchartlab.com 图表中的明显过渡位置。另外两种据说处于过渡形式中的啤酒——巴尔干波特和奶油艾尔——在我们的啤酒谱系中也处于非常有趣的位置。巴尔干波特是底部发酵的较深色啤酒，在谱系处中坚定地处于博克（双料群），使人质疑其过渡的地位。相比之下，顶部发酵和颜色较浅的奶油艾尔，是第一种不算拉格的啤酒，其在树中的位置表示，它确实处于过渡状态。

除了构建谱系或树外，还有其他描述啤酒关系的方法。比如，

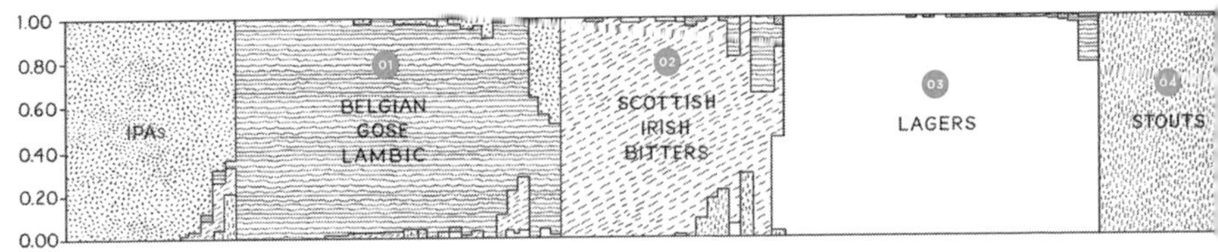

【图14.6】
104种啤酒风格的结构法分析，使用5个组群（*K*=5）。5个出现的组群是IPA、世涛、拉格和两组包含多种艾尔的同质群组，第一个包括比利时、勾泽（GOSE）和兰比克，第二个包括苏格兰、爱尔兰和苦啤。

*

01 / BELGIAN / GOSE / LAMBIC 比利时、勾泽、兰比
02 / SCOTTISH / IRISH / BITTERS 苏格兰、爱尔兰、苦
03 / LAGERS 拉
04 / STOUTS 世

啤酒风格周期表（Periodic Table of Beer Styles）展现啤酒聚类，通过表中不同风格的相似性来表明相关性。更早时候我们看到一些进化研究者倾向于使用不以树为基础的方法，来观察生物体间的相关性。结构法在进化研究中被广泛使用，如果聚类是我们想做的，那么分析主成分也有用（见第5章）。我们试图将后面提到的这些方法运用于啤酒，使用的数据库与谱系树一样。

我们对103种啤酒风格（以及草药酒，总数就是104种）的结构分析表明，一共有5个组群（*K*=5），详见【图14.6】。5个组群是IPA、世涛、拉格和两个艾尔同质组群：前者包括比利时、勾泽和兰比克，后者包括苏格兰、爱尔兰和苦啤。更有趣的是，在分析中发现有不能被加入某一组群的啤酒。在图表的最左边，包括美国琥珀和美国棕啤。比利时－勾泽－兰比克的群外也是同质的，包括美国淡艾尔、金色艾尔、白啤酒和小麦博克。加利福尼亚普通和比利时双料在苏格兰－爱尔兰－苦啤组中显得非常奇特。在拉格中，游离的是奶油艾尔和大禁酒前拉格。世涛似乎是非常容易被分类的，相比之下美国啤酒有一些偏离的性征，使其很难毫无疑问地被置于某一具体组群中。也就是说，它们有一些IPA的主要特点；但它们也有一些从其他组群中得到的性征。奶油艾尔被放在拉格群中是非常有趣的（尽管仍存一些质疑），因为它们并没有被拉格化。

主成分（PCA）分析【图 14.7】更难解读，因为集群在很多方面重叠。为了显示这些集群有多不明确，我们将 PCA 分析集中于拉格化、风格、地理位置和酒力。拉格和艾尔正如期待的那样各自集群，很少重合，证实了其他分析的结果。许多这种观察与其他给啤酒分群的方式较好地吻合，但非常有趣的是，不是所有分析都能得出一致的结论。与啤酒相关的东西，明显总是复杂的。

我们需要注意，这不是唯一在啤酒中运用 PCA 的场合。销售和广告人员已经使用它来检验不同消费者的偏好了，我们很可能也会看到酿酒者和分销商们广泛使用它，以定义其服务的市场。

谱系分析可以在任何类别的数据上进行。但是只有在某种假设下才有意义。为了进一步探索，我们前往捷克和德国南部进行啤酒品尝田野调查（正好与慕尼黑啤酒节的开幕时间吻合）。我们的目标是在 7 天内品尝尽可能多的啤酒，并使用谱系法来给这些啤酒分类。我们没有使用此前用于谱系树的已经发布的风格指南，而使用了不同的方法来确定我们饮用的啤酒的性征，即我们在 11 章讨论过的莫滕·梅尔加德味道轮的变体【见图 14.8】。我们使用的特别味道轮来自 33books.com，如果你想记录品尝过的啤酒，我们强烈推 荐它。在这个轮中，某一指定啤酒的性征被顺时针记载：水果（酯类）、酒精溶液、水果柑橘、啤酒花、花香、辛辣、麦芽、太妃、燃烧感、硫酸感、甜、酸、苦、涩、酒体、回味。根据不同性征打 1 ~ 5 分，在记录分数前我们两人必须取得共识。【图 14.8】显示了我们真正喜欢的啤酒，以及我们很难喝完（尽管我们勇敢地尝试如此）的啤酒案例。

味道轮用清晰的视觉方式表达品尝者对啤酒的反应，你能从中很快看出，最终轮的尖刺越多，我们就越喜欢这种啤酒。我们还注意到我们可以轻松地把啤酒轮的分数转化为谱系矩阵，以构建我们品尝的啤酒的树。这是两种我们品尝过的啤酒的计分，它们的性

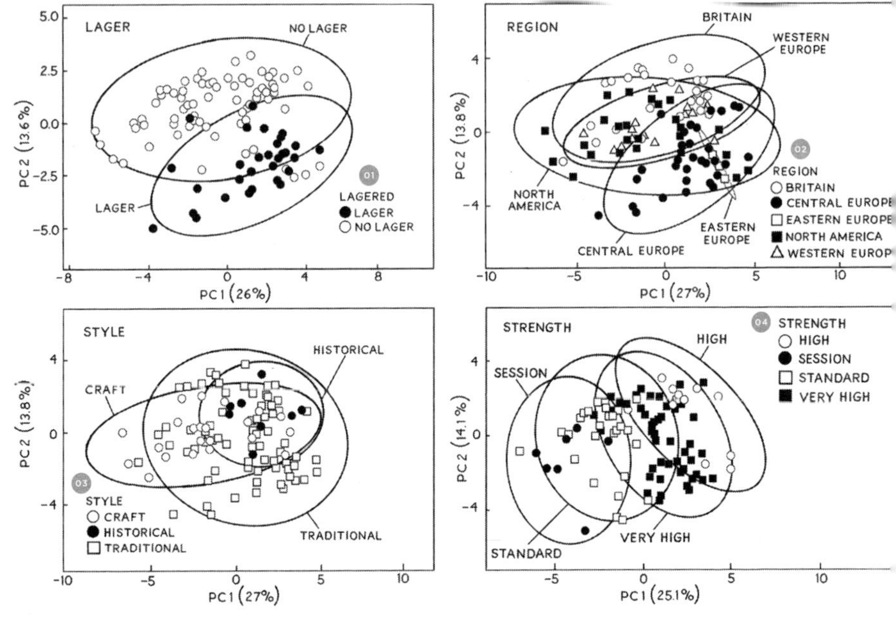

*

01 / LAGERED 被拉格化　LAGER 拉格　NO LAGER 非拉格
02 / REGION 地区　BRITAIN 英国　CENTRAL EUROPE 中欧　EASTERN EUROPE 东欧　NORTH AMERICA 北美　WESTERN EUROPE 西欧
03 / STYLE 风格　CRAFT 精酿　HISTORICAL 历史　TRADITIONAL 传统
04 / STRENGTH 酒力　HIGH 高　SESSION 区间　STANDARD 标准　VERY HIGH 非常高

【图14.7】
啤酒的主成分分析，集中于拉格化（上左）、风格（下左）、地理位置（上右）和酒力（下右）。

征按顺时针（从12点开始）记录如下：

科泽尔双料（Kozel Dunkel）　1 1 1 2 1 1 4 2 3 1 4 1 2 1 2 3
红嘉仕达（Redgast）　1 1 4 2 1 2 1 1 1 1 2 1 2 2 2 3

然后我们将这些数字录入到谱系研究中，得到【图14.9】显示的结果。

*

RUITY/ESTERY
k果（酯类）
ALCOHOLIC SOL-
'ENT 酒精溶液
'RUITY CITRUS
k果柑橘
HOPPY 啤酒花
'LORAL 花香
SPICY 辛辣
1ALTY 麦芽感
OFFEE 太妃
URNT 燃烧感
ULPHURY 硫酸感
WEET 甜
OUR 酸
ITTER 苦
STRINGENT 涩
ODY 酒体
INGER 回味

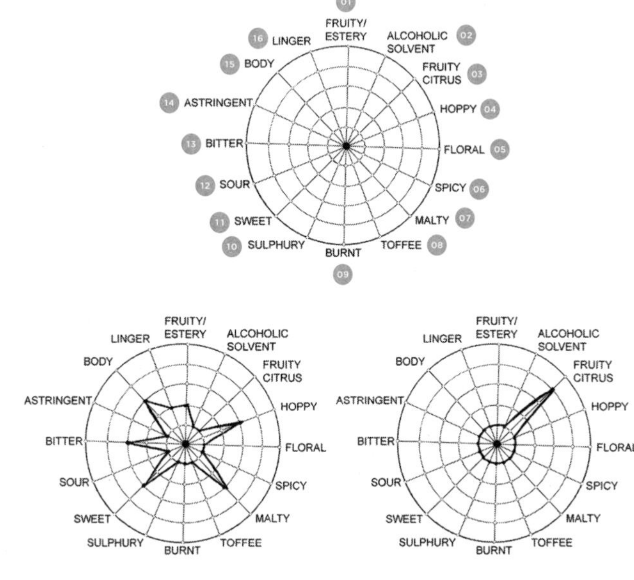

【图14.8】
味道轮显示我们为德国南部50多种啤酒的味道打分后分为16个类别。最上边是一个没有标记的轮。下边左边显示的是我们喜欢的啤酒的味道轮，而右边显示的是我们根本无法喝完的那些啤酒的轮。所有品尝的啤酒都被匿名。

我们很感激地发现，我们得到的味道轮密切地反映了我们的主观偏好，不仅仅是我们品尝的每种啤酒，也包括涉及的风格。我们对于这一分析清晰地将啤酒分成我们喜欢的（浅灰组）和我们仅能容忍的（深灰组）感到奇怪。有趣的是，大部分我们品尝的皮尔森、淡啤酒和啤酒节啤酒处于“仅能容忍”那类。它们都是好啤酒，但我们喜欢的啤酒颜色更深、啤酒花更多，也更有烟熏感。一个特别的组是由一种 IPA、三种皮尔森和一种淡艾尔组成的，它们对我们来说似乎是非常苦的。两种啤酒位于树的底部，都是来自皮尔森镇的甘姆里亚斯啤酒厂的皮尔森，这非常令人诧异。我们还感觉三种其他啤酒——两种艾尔和一种窖藏啤酒——也是非常特别的。它

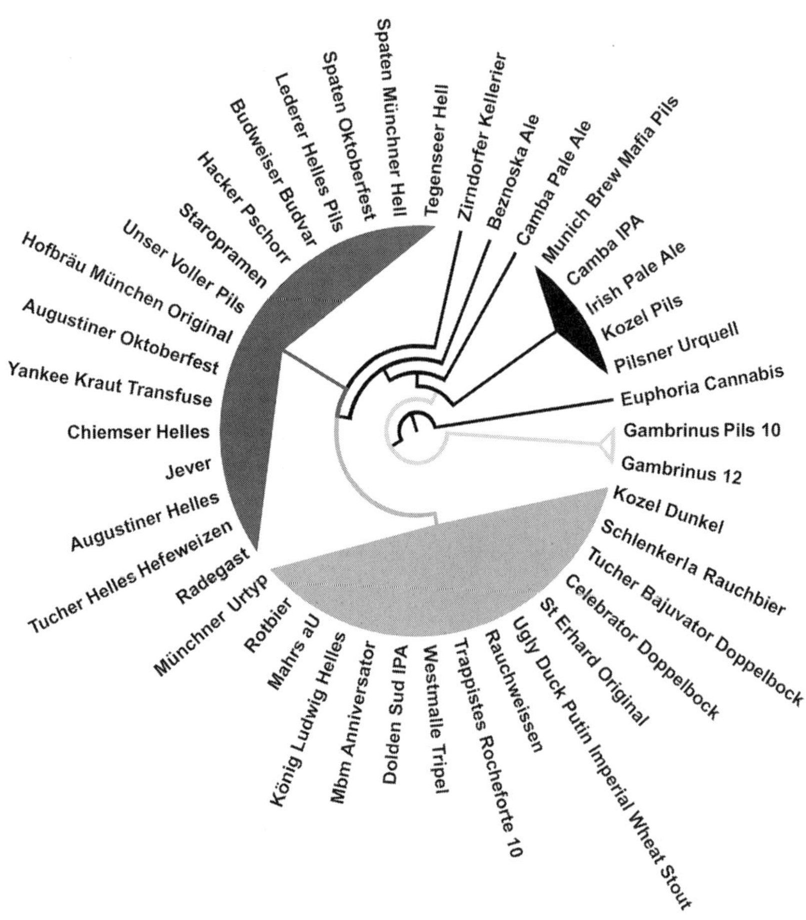

【图14.9】

我们于2017年在德国南部所品尝的啤酒的树。在用味道轮给约50种啤酒评分后，我们使用最大简约法分析了数据。我们用大麻啤酒确定树根。用这一方法得出了两大组啤酒。黑灰色进化枝，或群内有我们在啤酒节品尝的大部分啤酒。浅灰色进化枝包括我们喜欢的啤酒，味道强烈。一个小一些的枝包括那些没有给我们留下印象的啤酒（深黑色进化枝），还有两个啤酒枝包括了味道强烈的主要皮尔森（白色进化枝）。

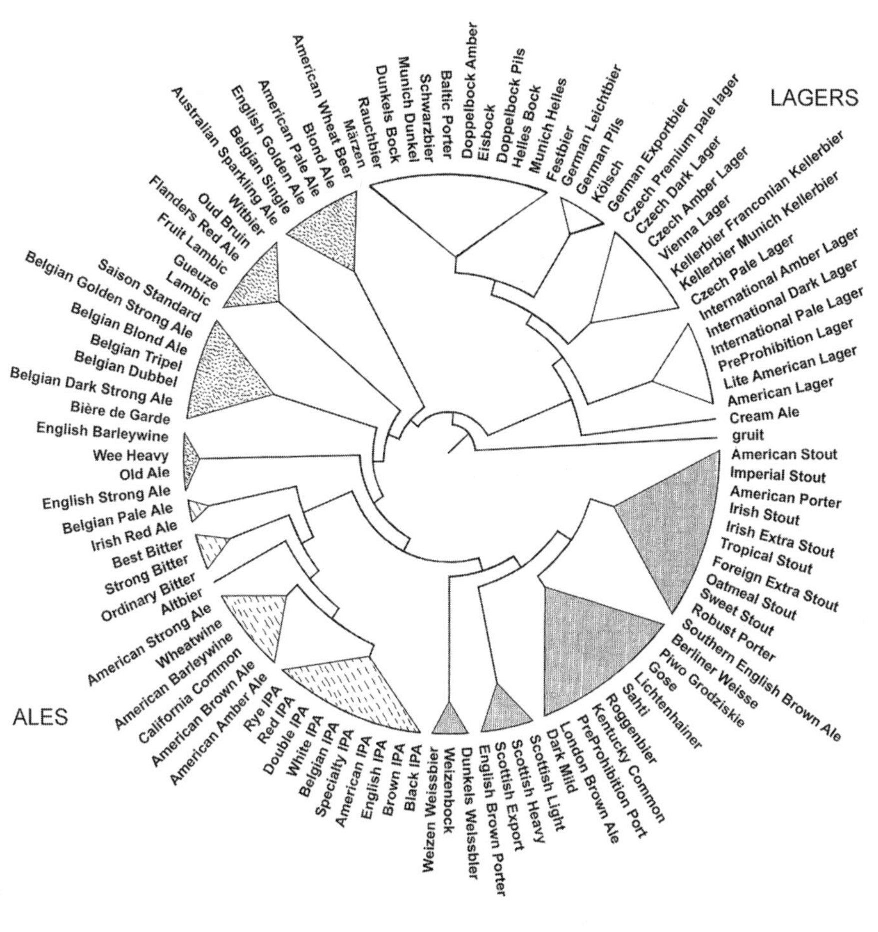
LAGERS
ALES
American Wheat Beer
Blond Ale
American Pale Ale
English Golden Ale
Belgian Single
Australian Sparkling Ale
Witbier
Oud Bruin
Flanders Red Ale
Fruit Lambic
Gueuze
Lambic
Saison Standard
Belgian Golden Strong Ale
Belgian Blond Ale
Belgian Tripel
Belgian Dubbel
Belgian Dark Strong Ale
Bière de Garde
English Barleywine
Wee Heavy
Old Ale
English Strong Ale
Belgian Pale Ale
Irish Red Ale
Best Bitter
Strong Bitter
Ordinary Bitter
Altbier
American Strong Ale
Wheatwine
American Barleywine
California Common
American Brown Ale
American Amber Ale
Rye IPA
Red IPA
Double IPA
White IPA
Belgian IPA
Specialty IPA
American IPA
English IPA
Brown IPA
Black IPA
Weizen Weissbier
Weizenbock
Dunkels Weissbier
English Brown Porter
Scottish Export
Scottish Heavy
Scottish Light
Dark Mild
London Brown Ale
PreProhibition Port
Kentucky Common
Roggenbier
Sahti
Lichtenhainer
Gose
Piwo Grodziskie
Berliner Weisse
Southern English Brown Ale
Robust Porter
Sweet Stout
Oatmeal Stout
Foreign Extra Stout
Tropical Stout
Irish Extra Stout
Irish Stout
American Porter
Imperial Stout
American Stout
gruit
Cream Ale
American Lager
Lite American Lager
PreProhibition Lager
International Pale Lager
International Dark Lager
International Amber Lager
Czech Pale Lager
Kellerbier Munich Kellerbier
Kellerbier Franconian Kellerbier
Vienna Lager
Czech Amber Lager
Czech Dark Lager
Czech Premium pale lager
German Exportbier
Kölsch
German Pils
German Leichtbier
Festbier
Munich Helles
Helles Bock
Doppelbock Pils
Eisbock
Doppelbock Amber
Baltic Porter
Schwarzbier
Munich Dunkel
Dunkels Bock
Rauchbier
Märzen

【图14.10】
我们的T恤设计，与这一章得到的谱系结论总体一致。

们在树中的位置与其他啤酒分离开来，最有可能的是我们认为它们的味道特别、非常美妙。

我们在这章的开头描述了印有啤酒谱系的海报和 T 恤。现在我们以自己的版本结束【见图 14.10】。我们没有将不同风格的啤酒分成子群，而是以 5 个主要艾尔群（世涛、比利时、白啤酒、苏格兰和 IPA）以及 3 个主要拉格群（深色、琥珀色和浅色）来分类。然后基于【图 14.5】的谱系树，我们把 BJCP 认可的啤酒类别分配到这些群里。我们还认可两个“杂交”事件：其中一个包括科什，另一个是奶油艾尔。但是由于味道问题不具有引发争议的意义，你当然可以有自己的想法。

15

复活的人
The Resurrection Men

我们打开瓶子，将黄玉一样的液体倒入杯中，它有轻微的泡沫。闻起来有不熟悉的香气，我们也许不会认为它是啤酒。但是在舌尖上，这一美味的饮品充满花香、桃香和蜜香，回味无穷。公元前 8 世纪晚期的弗吉尼亚墓也许是传奇的米达斯国王的最后栖身之所，而这一啤酒的配方具有想象力地从出土古代金属容器的内壁化学残留上获取。如果真是这样，他的生活不错，那个米达斯。

美国精酿啤酒运动起源于反对工业啤酒酿造。由于与其密切相关的企图是探索啤酒的古代手工源头，即使没有必要永久地回溯到它们，一些人试图复制古代啤酒也只是时间问题。这一目标并不像其看起来那样直接：我们对早期啤酒的唯一物理证据就是液体消失后留在陶罐中的化学残留，而这些残留只提供了啤酒长期蒸发后的原始成分和化学复杂物质的一丝线索（见第 2 章）。但是也有一些关于古代啤酒酿造的文献记录，所以第一批美国人试图从古代世界复原包括宁卡斯在内的啤酒，就没什么奇怪的了。宁卡斯是公元前 4000 年的苏美尔啤酒女神，对其的赞歌我们曾在前面引用过。

1989 年，不久前买下并复兴了旧金山令人尊敬的锚牌啤酒公司的年轻富有企业家弗里茨·梅塔格（Fritz Maytag）读到费城人类学家索尔·卡茨（Sol Katzl）1987 年发表的一篇文章。在这篇文章中，卡茨认为收集谷物进行酿造是农业革命的主要动力；为了支持这一论断，他引用了芝加哥大学亚述学家米格尔·希维尔（Miguel Civil）几十年前翻译的《宁卡斯赞歌》（*Hymn to Ninkkasi*）。梅塔格与卡茨和希维尔紧密合作，研究出宁卡斯啤酒的可行配方，与其在赞歌中所描述的行动相符。他酿造并瓶装了一批，酒精含量达到令人信服的 3.5%ABV，并将它呈现于美国小微啤酒商年会上。

那些幸运的在场的人使用长的“做成像乌尔的普阿比女王墓中发现的黄金和青金石管”的吸管，从大罐中饮用这一古老的啤酒。7 个月后，剩下的宁卡斯瓶装酒在费城大学考古和人类学博物馆的一次会议中被打开。尽管被冷藏，许多宁卡斯啤酒还是蒸发了——但仍存留的那些被宣称为“像苹果酒”，有一种“缺少苦味的不甜口感”。帕特里克·麦戈文描述它有“香槟的顺滑和泡沫感，以及干果的淡香”。

很难想象，不管有多无意识，现代啤酒酿造技艺从某种程度上不去制作那些颂词里提到的好酒。但是同样，尽管那些扫兴的人指责称目前尚不能下结论认为巴比伦啤酒含有任何酒精，但宁卡斯的崇拜者也许真的在饮用含酒精量相当高的啤酒。否则就很难理解古代诗人对这一物品的极大热情："当我环绕在丰富的啤酒中，当我觉得愉悦，在美好的心情中饮用啤酒，我觉得愉悦。"

美国和欧洲的其他酿酒商随后也热衷于酿制古代啤酒。比如，在埃及，干旱的环境为酿造地提供了卓越的保护，包括其脆弱的原材料。在 20 世纪 90 年代，来自剑桥大学的巴里·肯普（Barry Kemp）领导的考古团在阿玛尔纳的中王国遗址发掘出一些古代酿酒场所，而考古植物学家德尔文·萨缪尔（Delwen Samuel）辨别出麦芽大麦（或可能是二粒小麦）被加热然后被筛除外壳的痕迹。没有蜂蜜或果汁的证据，使萨缪尔认为通常在古埃及啤酒配方中被译为"干果"的象形文字也许仅仅是指麦芽本身的"甜度"。这些都指向非常不同于苏美尔的一种啤酒，而肯普询问爱丁堡的苏格兰和纽卡斯尔啤酒厂的人们，它是否可以被重新创造。

在仔细考虑后，在吉姆·梅里顿（Jim Merrington）领导下的苏格兰和纽卡斯尔团队用麦芽化的二粒大麦酿造出 6%ABV 的啤酒。它添加了香菜和杜松子以增味，但没有使用甜味剂。1000 瓶这样的图坦卡门（Tutankhamum）艾尔被制作出来，在著名的伦敦哈罗德百货以超高的价格出售。据报道，这种啤酒呈朦胧的金色，品尝起来"有水果、大麦香，带有榛果（太妃味），甜（辛辣）的涩味，回味比较干"。苏格兰和纽卡斯尔没有再制作——天啊，自 2009 年，这个公司已经不复存在。但其他人会继续。2010 年，为了纪念当地图坦卡门考古移动展览的开幕，丹佛的温库普啤酒厂使用在埃及广泛存在的原料酿制了一款图坦皇家黄金啤酒（Tut's Royal Gold）。可发酵的基础来自浅色大麦麦芽、小麦和短茎的当地谷粒苔麸，还有蜂蜜；罗望子、香菜、摩洛哥豆蔻、橘子皮和玫瑰花瓣用来调味。

并没有考古发现来表明这是在古埃及曾使用的配方，但这一组合似乎符合这一努力的精神。如果它对于你来说不是很极端，你还可以品尝同一啤酒厂的洛基山生蚝（Rocky Mountain Oyster），它的酒精浓度为 7.2%ABV，包含大量的 3BPB（你自己想这是什么）。

在苏格兰，威廉兄弟啤酒厂不仅占据了位于阿洛厄具有历史意义的威廉杨格啤酒厂大楼，还生产出一系列受古代原型启发的艾尔。其中最著名的就是石楠花（Fraoch Heather）艾尔，它是一种草药酒，据称首次被记录于约 2500 年前的斯卡拉布雷（Skara Brae）。石楠花艾尔的酿制方法是将香杨梅和开花的帚石楠加入沸腾的麦芽中，然后与新鲜的帚石楠花一起在罐中冷却一小时，再开始发酵。在现代操作中，石楠花艾尔在此前熟化雪莉酒和麦芽威士忌的橡木酒桶中成熟。产生的结果是深琥珀色的艾尔，有着威士忌和草药香，回味是甜美的大麦葡萄酒味。它也许是非常令人满意的一种饮品，饮用它，你就是在饮用传统，但它并非早期草药酒的准确复制。

到目前为止，许多其他人也试图酿制传统啤酒，而网上充满给那些试图在家里这样做的人的建议。但没有人能像生物分子考古学家帕特里克·麦戈文及其合作者、位于美国特拉华州的角鲨头啤酒厂的创立者和首席酿酒师山姆·克拉吉翁（Sam Calagione）那样，以坚韧、活力、专业和对完全真实性的担忧（被现代啤酒饮用者的口味所调和）来重现古代啤酒。麦戈文是研究古代发酵饮品构成的世界一流专家，而克拉吉翁被公认为是美国最具创意和有趣的精酿啤酒师之一。在 20 世纪 90 年代后期，这对搭档开始雄心勃勃地计划，试图使新旧世界考古点发现的古代啤酒痕迹重新问世：这一事业，以及啤酒的配方（对于美食家来说还包括食物）在麦戈文极为有趣的著作《古代啤酒》（*Ancient Brews*）中被描述得引人入胜。

费城大学考古和人类学博物馆考古队在土耳其中部的戈尔迪翁遗址中发现了金属罐，当麦戈文被要求分析其中的化学残留时，这一事业就开始了。在经典时期，戈尔迪翁是弗里吉亚王国的首都，在公元前 8 世纪末为米达斯国王统治，他也许是有金手指的传奇帝王。遗址的一个古墓被证实有未打开的中部葬室，存有一名男性的遗骸，他死于 65 岁左右，还存有大量酒具，它们的风格暗示着下葬时期为公元前 8 世纪。很明显，古墓葬的是皇室成员（要么是米达斯，要么是他父亲），葬礼宴会上使用了不同的大锅、罐和酒碗，残留的食物和酒就放在原容器中，葬于他的身边，以使他来生之旅有个好的开始。

墓中发现的铜制容器的四分之一被证实含有蒸发的古代饮品的黄色残留。使用一系列科学设备，麦戈文及其同事证实，这些残留中含有酒石酸。在土耳其，这一化合物在葡萄中最常被发现，意味着原来这里存在着某种葡萄酒。蜂蜡化合物也说明此前存在蜂蜜。试验最后找出大麦存在的证据——啤酒石。每个容器的结果相符，意味着它们都含有某种混合发酵的饮品，内有葡萄酒、蜂蜜酒和啤酒。真是极端的饮品啊！

这一信息对于考古目的来说足够了。但当重新酿制这一古代饮品时，许多问题仍悬而未决，正如麦戈文在《古代啤酒》中描述的那样。它的主要成分比例是多少？是什么导致了残留物极其黄的颜色？成分是分别做准备然后合在一起，还是它们都放在一起酿制？酵母来自何方？使用了什么样的谷物，什么样的蜂蜜？什么品种的葡萄，新鲜的还是干的？最终产品是否碳化？没有对这些以及其他一些问题的解答，没有人能确定任何复制会完全，甚至是接近其原版。但是，最终任何酿造事业的成功一直——正如现在一样——

源自酿制者的本能和技艺，它与任何固有的成分一样重要。

最初，重现国王葬礼啤酒是麦戈文2000年春向聚集在费城大学博物馆与啤酒和威士忌品评师迈克尔·杰克逊（Michael Jackson）一起进行年度品评时向精酿师们提出的挑战。卡拉吉翁最终赢得了这一挑战，他的饮品融合了一种极为昂贵且颜色非常黄的藏红花粉以增加苦味。他还使用了希腊百里香蜂蜜、麝香葡萄、蜂蜜酒酵母和二棱大麦。但是，使用三种已知的基本成分——对于倾向于认为蜂蜜酒、啤酒和葡萄酒互不相关的现代思维来说，这一配置很糟糕——卡拉吉翁成功酿制出一种淡金黄色的饮品，酒精含量略高，达到令人兴奋的9%，充满香气，完美平衡。它入口颇甜，有饼干和蜂蜜味儿，回味清爽干脆。它马上成为广受争议的焦点，其派生版本“角头鲨米达斯之触”在接近20年后仍然在售。

受这一成功鼓励，麦戈文和卡拉吉翁接下来开始重酿世界已知的最古老啤酒，它被发现于中国中北部距今9 000年的贾湖遗址。在那里，存有液体的陶罐被证实含有与米达斯罐子相同但也有所不同的残留。正如在戈尔迪翁，蜂蜡证明此前存在蜂蜜，酒石酸说明山楂或葡萄的存在，或两者都有（在中国，山楂中存在的酒石酸比当地葡萄高出3倍）。但是第三种主要成分谷物不是大麦，而是大米。由于这一复杂的构成，麦戈文选择不把酿出的饮品称为啤酒，而是新石器格洛格酒（他还把米达斯饮品称为弗吉尼亚格洛格酒）。他认为，多重糖源的存在表明，古代酿制者想尽可能高地提高其产品的酒精含量，同时提供其他感官愉悦度；他还指出，在古代和现代中国，都记录了使用许多草药和微生物以激发糖化和发酵。

不管是不是格洛格酒，麦戈文再次寻求啤酒酿造师山姆·卡拉吉翁和他的团队，以重新制作这种古代饮品。在几次尝试后，包括使用制作米酒时用的酒曲将大米淀粉转化为糖，团队最终确定了方案，使用4种基本成分：山楂果（干粉状的）、麝香葡萄、橘花蜜和糊状的大米麦芽（有壳和糠）。所有 4 种成分一起酿制，最初使用清酒酵母，但在几次发酵受阻后转为使用一种美国艾尔酵母。没有添加草药，因为贾湖酿制者使用它们也只是一种猜测。12 天的发酵使酒精含量上升至 10% ~ 12%；得出的混合物被放在罐中，置于室温下 4 天后再低温储藏 46 天。

这其中有许多猜测，但麦戈文对这样制出的贾湖庄园瓶装酒有信心，认为其会是古代贾湖人民品尝过的饮品的合理复制品。当你打开瓶子（贾湖人民没有这种选择）并将饮料倒入杯中，你首先会注意到深黄的颜色，以及表面形成的像香槟那样的轻慕斯。随后是甜酸味道，麦克文说得很正确，它是中国食物的理想佐料。贾湖瓶装酒随后获奖，麦戈文称这是他诸多再创中的最爱。但同样，现代专业技术取代了原有酿造过程中的许多未知因素，我们永远也不能确定它与 9 000 年前从这些陶罐中蒸发出的东西有多相近。

麦戈文和卡拉吉翁继续复制世界其他的古代啤酒。麦戈文自己承认他们用角鲨头面包啤酒突破了底线，试图捕捉经久不衰的古老埃及酿制传统。酿造者使用三个不同遗址和时期的残留，得出一种配方,包括大麦麦芽、埃及姜果棕的果实、二棱小麦面包、扎扎(一种辛辣的混合物）和甘菊，然后使用从椰枣绿洲中抓住的果蝇中获取的酵母发酵。作为长久和丰富酿制传统的普通代表，它也许非常接近目标,但角鲨头面包啤酒那辛辣的水果味和强烈的草药香味，并不如芬芳的贾湖瓶装酒那样得到大众的广泛青睐。

更极端的是一种从未上市的饮料：基于印加帝国流行饮品的玉米啤酒。今天，讲克丘亚语的秘鲁人通过使玉米发芽制作出这种饮料的多个版本，其过程与大麦的麦芽化相似。但在古代，得到同样的发芽效果使用的是唾液酶——也就是“通过咀嚼和吐出”（见第 2 章）来提取玉米中的糖。2009 年，麦戈文和他的同事们英雄般地试图以这一耗时的方法来生产玉米酒，咀嚼一堆红色秘鲁玉米达

8 个小时，然后用胡椒果泥和野生草莓泥混合咀嚼食物的残留。“所以我们不会被控毒害人民，”麦戈文写道，“我们确保把混合物煮沸。”使用标准美国艾尔酵母完成了发酵，最后深红色、酒精浓度为 5.5%ABV 的啤酒正好赶上庆祝麦戈文于 2009 年 10 月 8 日出版新书《打开过去的瓶塞》(*Uncorking the Past*)。当年出席美国啤酒节的人排队品尝剩下的酒。至于后期的版本嘛，哎呀，是用刺果番荔枝来作为糖源的。

多年来，麦戈文和卡拉吉翁重新酿制了几种其他古代(和极端)啤酒，包括基于玛雅的巧克力啤酒、颇受欢迎的大花可可(Theobroma)，还有维京克瓦希尔，成分包括谷物和大麦麦芽、蔓越莓、越橘、蜂蜜、桦树汁、香肠梅和蓍草。由于啤酒酿制程序中有太多无法保存在化学分析(至少部分地)可以探测出的原材料成分名单上，且少有书面记录，这些啤酒都需要以原创的精神来酿制，而不是精准复制。这一操作催生了一些非常有趣的啤酒，如果没有它们，世界注定更为无趣；但是想获取完全的原样，我们需要公开的书面配方，这对于任何真正古代的啤酒来讲都是奢侈的和不可能的。即使是详细的《宁卡斯赞歌》也缺少关键的细节。

我们也缺少历史上逐渐消失或变化的重要啤酒风格的信息，即使它们的名字以某种方式保存下来，没有人准确知道原来是如何制作的，或者品尝起来什么样。这当然也适用于今天最畅销的一种精酿风格：印度淡艾尔(IPA)。正如我们在第 3 章提到的那样，IPA 作为一种强劲的、有麦芽味儿、添加了啤酒花的英国艾尔声名鹊起，它神奇地在从好望角前往印度的颠簸航行中改进了味道。尽管殖民地和其他啤酒饮用者对此感到兴奋，IPA 风格最终在 19 世纪式微：风格的变化和粗糙的税收政策导致它被更淡和更没有特色的啤酒所取代。到 20 世纪之交，只有更为年长的啤酒饮用者记得喝过它。英国啤酒作家彼得·布朗（Pete Brown）在 20、21 世纪之交时想要了解经典 IPA 的样子，以及它的口味在艰苦的旅行中是如何被改变的。为了回答这个问题，他按原始 IPA 风格酿制了啤酒，并把它用船带到了印度，在其著作《啤酒花和荣耀》（*Hops and Glory*）中，这一过程得到了细致的描述。

布朗想要能够进行这段旅程，只有通过位于英国中部特伦特河畔伯顿的著名啤酒厂巴斯的剩余员工的慷慨配合才可以。IPA 在伦敦被发明，但是 IPA 酿制的重点后来被转移到伯顿，而巴斯最终成为最大生产商。巴斯的文献记录中仍然包括“巴斯大陆”的详细配方，它是后期风格的 IPA，于 19 世纪 50 年代被出口到比利时，这形成了使用现存最古老设备复制 IPA 的基础。使用的成分包括芬芳的北下（Northdown）啤酒花、淡麦芽和水晶麦芽、两种传统伯顿酵母品种，以及也许是最关键的——充满石膏的伯顿井水。在罐中储存了几周后，5 加仑的艾尔被放入到一个小罐中，并被带到印度。据布朗所述，当从罐中刚取出时，啤酒是深琥珀色，有“非常浓的热带水果沙拉香气”。但是味蕾上有一种“苦的、像树脂的刺感”，回味仅仅是“逐渐消失”。重新制作的巴斯大陆在这一阶段并不是完美平衡的艾尔，但没有关系；重要的是当它到达印度时，品尝起来会如何。

它所经历的故事充满危机和不幸。最要命的是，原装桶在加那利群岛一个炎热的公寓中爆炸了，因而不得不被一个小的金属啤酒桶替代。参与同一项目的人们用同一批艾尔酒快速填充这一容器，在巴西赶上了布朗的船。穿越南大西洋和非洲之角的大部分旅程在这一阶段得以完成，啤酒桶及其守卫者据说在其前往孟买的漫长航行，以及随后经由陆地到加尔各答的途中兜了许多圈子。加尔各答正是东印度公司最初酿造 IPA 的地方。在那里，加入发酵容器后，经过了4 个月与几千英里的行程，啤酒在桶被打开前基本没有机会停歇，大面积地喷出加压的泡沫。也许预兆并不是最好的，但正如布朗所描述的那样：

> 它倒出来是呈深铜色的，因为啤酒花的重量略有些朦胧。气味绝佳：最初是刺激的柑橘味，然后是更浓的热带芒果和木瓜沙拉味。（然后）我的舌头被一种丰富的、成熟水果的味道，还有一丝胡椒味轰炸了。那种苦和啤酒花的刺激退去后，麦芽在啤酒花的冲击下重新树立起自己的地位……还有微妙的焦糖感……回味平滑、干爽、清净、令人激动。天啊，它的酒精浓度达到了超乎寻常的 7%，但真的好喝！

正如布朗自己承认的，由于他尝试了多次，经历了诸多苦难，他倾向于给自己的 IPA 较好的评价，但他的同伴在开瓶仪式上明显表现得同样热情。此外，对比这一艾尔酒历史性航程起点和终点的描述，可以得出两个坚定的结论：第一，航行确实改变了啤酒；第二，这一历史的重演有美味的结果。很明显，啤酒，就像所有东西一样，进步和改善并不总是同步的。

16

啤酒酿造的未来
The Future of Brewing

在一个创造性微型啤酒酿造在大酿造商持续阴影下繁荣的时代，预测啤酒及其饮用前进的方向是有些难的。所以我们决定将它留给三个哲学家，他们的形象装饰在摆于我们面前的同名瓶子上。以比利时樱桃发酵，这款纽约北部的四料倒出来呈深棕栗色，入口有奶油感，最精彩的是有一丝樱桃味。各种各样的麦芽味道得到完美平衡，最后的回味只能被描述为油滑。真的很美。这一杂交啤酒给人兴奋的教训似乎是，即使啤酒酿造进入了不确定的未来，但酿造师的独创性也是不可压制的。

在你试图预测未来时，思考过去通常是个好主意。在啤酒这一领域，最近的历史是多事之秋。在大西洋两侧，两种独立但相反的趋势有了交集，它们最初的形成都是为了反对对方。

当美国大禁酒结束后，啤酒酿造迅速繁荣起来。但是繁荣很快就转为破产，许多小微酿造商无法生存，或为兴起的巨头所抢购（见第 3 章）。啤酒成为商品，到 20 世纪 70 年代只有一些大型酿造商仍然存在。当圣路易斯的安海斯－布希公司恣意妄为，其广告预算和激烈决心几乎无可匹敌时，臭名昭著的啤酒战争爆发了。全国的酿造商中，只有密尔沃基的米勒抵御住了屠杀，最初是因为它为富裕的烟草公司菲利普·莫里斯所有，后来则是因为它聪明地投资于 1975 年开始的"淡啤酒"热潮，引入了米勒轻啤（Miller Lite），这一饮品的灵感来自一款极为无味的德国拉格。广告天才将低调的产品转化为市场上最受追捧的啤酒，随后米勒和其具有进攻性的圣路易斯对手陷入了被诉讼打断的僵局，甚至喜力滋、帕布斯特和莱茵金啤都随之破产。到 20 世纪 80 年代只有另一家大型啤酒企业银子弹还存活着。很快，三大啤酒商控制了美国 80% 的啤酒市场的。

相似的事件也在大西洋另一侧发生。在英国，过滤、消毒和二氧化碳加压的桶装艾尔在"二战"前刚被引入。最初目的是出口，这些啤酒在战后的几年里蔓延于国内市场，因为它们为制造、分配和销售的人员提供了便利。这些桶装啤酒传承而来的、更为有趣的木桶装艾尔要求——仍然要求——大量的工作，不仅仅是对酿造者，还有酒馆老板，他们得在酒窖里不断照顾它们，使用啤酒发动机通过管子将啤酒抽到酒吧。战后一代的新地主，以及几乎所有人都为之服务的酿酒厂，发现更清淡和几乎无味的新桶装艾尔在服务与运输上更为方便。而且，这些艾尔可以在全国范围内打上商标和分发，导致地区酿酒商合并为全国巨头，最终在英国形成六大企业。

到20世纪70年代中期，桶装艾尔占到酒吧啤酒销售的半成以上，即使在60年代中期到70年代中期，不同品牌的啤酒减少了一半。对于热爱传统的人来说，同样糟糕的是容易分发和服务的瓶装酒在酒吧和超市中都开始占领市场。

使问题更严重的是，英国酿造者们一直认为自己是啤酒生产者。但是他们因为拥有大量酒吧和主要酿酒厂而顺便发展出相当多的房地产利益。掠夺者们不会永远忽视这一丰富的目标，在20世纪60年代早期，加拿大的大型拉格生产商凯凌开始收购狂潮，导致了六大企业的最终出现，预示着啤酒酿造作为凌驾于商业竞争之上的业余事业的终结。啤酒酿造企业越来越成为移动中的跨国巨头的目标，被并入跨国巨头中，后者视啤酒与其他大众市场商品并无二致。

在英国，这一啤酒厂所有权全球化最初使得瓶装和大众市场生拉格得以渗透市场，然后大量广告促进了这些啤酒为新一代饮酒者所欢迎。尽管在英国国内生产，但新拉格主要被冠以国际品牌被促销，这真正颠覆了英国的啤酒市场。英国长久以来是艾尔的大本营，但快速成为拉格饮酒者国度。到2014年，民调显示，约54%的英国啤酒狂饮者选择拉格，尽管这一数字从那时起有所下滑。同时，啤酒行业的合并势头未减。2008年，即使是美国的巨头安海斯-布希也被比利时-巴西啤酒酿造巨头百威吞并。如果这还不够的话，2016年10月这一组合又吞并了南非-巴伐利亚-米勒，后者由于进行了几次并购(包括与银子弹)后已经成为全球第二大啤酒商。为了符合法律要求，缩小的米勒银子弹从新的巨头中脱离，但这对鼓励美国啤酒业的丰富性来说作用微乎其微。

全球化的趋势注定引起终极反应。在英国，失望的艾尔饮用者们开始形成施压团体，呼吁复兴木桶装啤酒。其中最激进的是真艾尔运动(CAMRA)，发起这一运动的组织于1971年成立，当时名字略有些不同。由一批记者建立的这一组织此前抗议核武器和几乎所有其他的东西，现在它则以极大的热情攻击啤酒巨头，组织抵制活动，为倒闭的小啤酒厂举办模拟葬礼，举行地方和全国啤酒节，每年出版颇有影响力的《好啤酒指南》(*Good Beer Guide*)。正如广告人和啤酒作家彼得·布朗所指出的那样，创造出"真艾尔"这个词的人是市场天才。大啤酒商吃了一惊，被迫做出回应，因为桶装艾尔的销售下跌，而地方啤酒商重新充满活力。由于CAMRA的搅动，英国真艾尔的无价遗产直到今天仍然繁荣；据其估计，英国目前有约1 500家啤酒厂生产真艾尔。

华尔街这边没有人会质疑真艾尔的复兴是不错的发展。但是人类经验的铁律是意外后果法。在回归传统和过去的过程中，英国真艾尔运动的扼制效果与纯酿法在德国颇为相似。无疑，在强烈谴责啤酒酿造标准的降低和强调纯酿传统上，纯酿法在几个世纪以来保证德国啤酒质量上起到了重要作用。但同时，受规则制约的传统倾向于扼杀试图发展起来的技术创新。尽管分配最为广泛的德国啤酒在过去是，现在也仍是制作精良的，但它们有某种统一性：在德国，啤酒酿造的主流在传统上只有一种完美。

虽然这么说，但总是有选择的：小麦啤酒在德国一直很流行，而奇特的当地传统，比如来自班贝格的烟熏啤酒在纯酿法的纯净产品外依然兴盛。可能是因为这一安全阀，德国饮用啤酒的公众一直相当满意。没有与CAMRA相似的德国组织出现，也没有公众的不满，像200年前在慕尼黑那样使可怜的路德维希离开皇宫。但不管如何，明显有一种尚未意识到的对某种更为创新的东西的需求，因为在欧盟于1993年引入了自由化的啤酒酿造法后，更有活力的、极为有趣的德国精酿啤酒出现了。

CAMRA试图在英国复兴真艾尔的努力有另一个未曾预料到的影响：许多啤酒饮用者开始回顾其失去的东西，但这并不足以驱逐被国际啤酒巨头无情促销的拉格。作为少数者的利益，木桶装艾尔很快成为奇怪的、向后看的热情者的次文化，它们的数量足以使传统存活，但不足以完全使市场复兴。一种拉格和艾尔的对峙随后在英国酒吧中发展起来。但是我们也许到达了一个临界点。因为，除了英国啤酒呆子的传统仍然幸运地被良好保留着以外，在更广阔的市场出现了颇具希望的信号，真艾尔正逐渐夺回被庞大拉格占据的市场。

在大西洋彼岸，70 年代的情况完全不同。毕竟，在美国没有传统需要复兴，大禁酒及其后遗症不仅使地方啤酒酿造传统几乎消失殆尽，也使曾经集中于艾尔屋和酒馆的社会啤酒饮用习惯不复存在。取而代之的是在家直接从冰箱拿出冰冻的工业啤酒饮用。但是，在一个充满创新和企业家精神的国家，不会永远这样；美国为自己的精酿啤酒革命做好了准备。大部分历史学家将这一革命的来源追溯至弗里茨·梅塔格（Fritz Maytag）于 1965 年接管濒临破产的旧金山力加啤酒公司以及随后几年里他复兴传统啤酒制作风格的努力。是的，正是同一位弗里茨·梅塔格重新创造了宁卡斯啤酒——他也是于 1975 年第一个酿造出美国 IPA 的人。

吉米·卡特总统于 1978 年签署了法令，使家庭酿酒合法化。不久，许多新的家庭酿酒者开始变得积极，精酿啤酒革命真正进行了起来——尽管什么才是精酿啤酒仍模糊不清。这一词汇的最严格定义是指小规模生产，要求符合啤酒酿造的传统工艺，没有添加物（比如非大麦麦芽来源的糖）或人造成分——在违规时会被频繁警告。一些定义还强调独立性（于大啤酒商），尽管正如我们看到的那样，这一独特性已经被侵蚀。从风格上讲，几乎所有风格都适用于这一领域：精酿者们酿制波特、世涛、淡艾尔、酸啤，甚至——或者说特别是——那些我们描述过的极端啤酒。其中最极端地使用几乎所有可以想象到的能发酵的东西——如果你将它们归入这一类别的话——使禁止添加物的精酿啤酒定义变得毫无意义。而且，一些精酿者们甚至不制作自己的产品，而是将其啤酒的真正酿造委托给更大的企业，后者可以负担他们无法拥有的设备。精酿因此是一种仍在寻找其认同的职业或产业，而精酿啤酒，你看到它时就基本上知道它就是精酿啤酒了。

早期对精酿产生较重要影响的是杰克·麦克奥利夫（Jack McAuliffe）。1976年，他位于索诺玛的新阿尔比恩啤酒厂是长久以来美国第一家全新的啤酒企业，因为这个国家更多地习惯了啤酒厂的关闭。意识到不能直接与拉格巨头对抗，麦克奥利夫决定在美味的艾尔和波特中创造市场商机，并强调啤酒是文明的佐餐物。新阿尔比恩公司在当地行家中具有极大的影响力，但可惜它在经济上并不成功。像许多先锋的努力一样，它最终没有达到可以盈利的规模就破产了：公司的能力是满足一年400桶的订单，而1976年安海斯－布希已在全国有好几家啤酒厂，每一个年产量都超过400万桶。

但是，正是新阿尔比恩的精神使得更多像吉米·科什（Jim Koch，他于1984年创立了波士顿啤酒公司）这样更具企业家精神的企业家最终侵占了啤酒巨头的销售份额。具有讽刺意味的是，科什打造其商业份额的手段是把“山姆·亚当斯”啤酒的实际酿造分包，而把精力和财力集中于营销。但一旦他建立了自己的啤酒事业，山姆·亚当斯可以说成为全国具有引领地位的“精酿”品牌（波士顿啤酒2013年的产量达到230万桶）后，科什与麦克奥利夫一起重新酿造了后者颇具传奇性的1976年新阿尔比恩艾尔。

同时，其他先锋，如俄勒冈的弗雷德·埃克哈特［Fred Eckhardt，《关于拉格啤酒的论文》（*A Treatise on Lager Beers*）的作者］和加利福尼亚内华达山脉啤酒公司的肯·格里斯曼（Ken Grossman），正引领着精酿啤酒在美国的快速涌现。查理·帕帕赞（Charlie Papazian）设立了颇具影响力的美国啤酒节，它最初于 1982 年在科罗拉多的博尔德（Boulder）举行，推动了这一趋势的发展。尽管先锋啤酒作家迈克尔·杰克逊于 1988 年出版的具有影响力的《啤酒新世界指南》（*New World Guide to Beer*）中并没有具体点出美国精酿啤酒运动，但对梅塔格力加蒸汽啤酒（Anchor Steam）的赞扬激起了全世界对美国啤酒独特品种的好奇。最后，美国消费者们意识到，除了大啤酒商的产品外，啤酒还有更多可能的选择，而且已经存在许多有趣的选择。

这种意识出现在市场。到 1985 年，已有 37 家精酿啤酒企业处于商业运营中，在接下来的 10 年里这一数字迅猛增长。然后啤酒行业崩溃了：1998 年美国精酿啤酒厂达到 1 625 家，2000 年下降到 1 426 家，主要是因为生产极大地扩大后导致的质量控制问题。但在 10 年恢复期后，美国精酿啤酒厂的数量又开始上升，从 2010 年的 1 750 家增长到 2013 年中期的 2 418 家。截止到 2018 年，已经超过了 5 000 家，其中有 20 000 多个独立商标和 150 种自定风格。

到 21 世纪的第二个十年，精酿啤酒商，尽管起步时式微，但开始对啤酒巨头的销售造成严重侵蚀，后者的市场份额开始停滞。公众的偏好正在明显经历从淡拉格到更浓、更具风味风格的变化。从 1995 年占 2% 的市场份额，到 2012 年精酿啤酒的份额达到 6.4%；今天，美国啤酒市场的精酿份额据推断已经达到 10% 左右，而且还在上升。

这一趋势是巨头们不能忽视的，他们以两种方式来回应。一是推出自己的“精酿”品牌。比如，米勒银子弹（现在是这个名字）在蓝月商标下推出了“比利时白啤”，并没有努力显示自己参与其中。蓝月实际上是非常不错的产品，很有市场（每年售出 100 多万桶）。相比下之，很少有啤酒饮用者听过安海斯 – 布希的麋鹿山或者南非 – 巴伐利亚 – 米勒的栈道商标。

第二个战略是收购成功的精酿啤酒企业。安海斯－布希早在1994年就收购了西雅图的红钩啤酒厂，并在3年后购买了俄勒冈的魏德玛兄弟啤酒厂。尽管它们仍是独立运营的，但两次收购很快就使它们被代言精酿啤酒行业的啤酒商协会拒之门外。魏德玛已经在芝加哥知名的鹅岛啤酒厂中拥有股份，而安海斯－布希·百威于2011年收购了剩余股份。毫无意外，此后鹅岛因此失去了其精酿啤酒的正式地位，正如最近被AB百威收购的其他三家领先精酿啤酒的企业一样。

这一趋势仍在继续。2015年，加利福尼亚图腾拉古尼塔斯的一半股份被世界第三大啤酒商喜力收购（随后它又收购了剩余部分），而圣地亚哥的岬角啤酒公司被出售给了啤酒烈酒集团星座公司。最近，一些精酿啤酒企业求助于私募股权投资，一些甚至联合私募股权企业收购困难重重的更小的竞争对手。一方面通过这种方式，另一方面加上导致“英国六大”出现的外部经济力量，大型啤酒公司在这个行业空隙里的地位更为稳固，而行业的活力取决于那些原创企业家的灵活、创新和投入，他们以此为美国的啤酒饮用者创造了一个值得纪念的时代。

仅在美国，就有超过5 000家啤酒厂（超过1873年大禁酒前的4 131家），每个饮用啤酒的国家其实都有其自己非常多样化的精酿啤酒，商业酿造当然已经准备好解决这一问题。但未来的行业会是什么样？大部分精酿啤酒厂每年最多生产几千桶啤酒，在目前极具竞争性的市场，如果没有重要的并购和合并，它们中的大部分都会在长期的拉锯战中不复存在。我们还需要观察这些合并会怎么实现。如果大型啤酒商使用其财务实力和无可匹敌的分配渠道进场并扫荡，有可能是行业会再度归为统一，尽管大型企业对质量有专业的承诺。毕竟，其核心竞争力是大规模生产和分配具有绝对一致性的产品，所以巨头仍倾向于将质量等同于统一性。大型酿酒商产品的可依赖其实是化学工程学的小奇迹，但历史上，实现这一点并不总符合那些认为啤酒应该就是多样的饮酒者的利益。怀旧者们在生产巴斯淡艾尔的公司被全球啤酒公司收购后哀悼其命运，而纯酿追求者们认为，即使是传奇的皮尔森乌奎尔，被日本大型企业朝日（通过南非－巴伐利亚－米勒和 AB 百威）收购后，也与以前大不一样。但是，大型啤酒商当然知道商机在哪里，也明显了解，保持产品的某种多样性也是符合自身利益的。

精酿啤酒被批量消灭当然是最糟糕的情境。尽管大型酿酒企业将一直保持其重要的存在性，精酿啤酒已经显示出强大的商机。如果主要通过精酿啤酒商自身的并购在行业内发生不可避免的修整——并购者重新分配人才，同时在子行业规模上创造出更经济可行的酿造设备和分配链——对于那些喜欢啤酒并珍视其多样性的人来说，前景是可观的。至少，人们可以理性地期待，精酿啤酒会继续与那些拥有庞大市场的同行一起繁荣。一些预测认为，精酿啤酒在美国和全世界很快就会赢得超过 20% 的市场份额；尽管这些份额中有很大一部分似乎可能最终以某种方式为啤酒巨头所控制，它们却不可能完全接管。一项调查发现，44% 的美国千禧年生人从未喝过百威——值得注意的是，尽管他们对酒精饮品的口味可能偏向了烈酒和非酒精饮品。

所以，尽管几乎所有地区的啤酒饮用者目前在风格和概念上的选择前所未有地更为丰富，明显他们是在正处于转变的啤酒酿造环境中享受这一丰富。幸运的是，他们拥有最终发言权。毕竟，消费者将决定未来啤酒酿造的风格是会回到以前那无趣的统一性上，还是继续在现有的味道创新和多样性道路上前进。有意识的和有偏见的饮用者是啤酒未来丰富性和有趣性的最佳保证。

图书在版编目（CIP）数据

啤酒的自然史 / (美) 伊恩·塔特索尔
(Ian Tattersall), (美) 罗布·德萨勒(Rob DeSalle)
著；乐艳娜译. -- 重庆：重庆大学出版社, 2021.7
(自然的历史)
书名原文: A Natural History of Beer
ISBN 978-7-5689-2591-4
Ⅰ. ①啤… Ⅱ. ①伊… ②罗… ③乐… Ⅲ. ①啤酒-
文化史-世界-普及读物 Ⅳ. ①TS971.22-49
中国版本图书馆CIP数据核字(2021)第040043号

啤酒的自然史
PIJIU DE ZIRANSHI

[美] 伊恩·塔特索尔 / 罗布·德萨勒 著
帕特里亚·丁·温妮 绘
乐艳娜 译

特约编辑 张辉洁
责任编辑 王思楠
责任校对 邹 忌
装帧设计 武思七 @[e] De SIGN
责任印制 张 策

重庆大学出版社出版发行
出 版 人 饶帮华
社 址 (401331) 重庆市沙坪坝区大学城西路 21 号
网 址 http://www.cqup.com.cn
印 刷 重庆升光电力印务有限公司
开 本 635mm×965mm 1/16 印张: 14.25 字数: 205 千
版 次 2021 年 7 月第 1 版 2021 年 7 月第 1 次印刷
I S B N 978-7-5689-2591-4
定 价 68.00 元

Originally published by Yale University Press

版贸核渝字（2019）第 063 号